公共生活研究方法

[丹麦] 扬·盖尔　比吉特·斯娃若　著
赵春丽　蒙小英　译　杨滨章　校

中国建筑工业出版社

目录

日本东京，新宿站。
约1990年

序

从20世纪60年代开始，扬·盖尔便将其一生置身于公共生活研究的领域，也就是在那时，作为一名建筑系的学生，我第一次接触到了他的思想。盖尔一直奋斗的愿景是建设人性化的城市。他和他的同事们，包括本书的另一位作者比吉特·斯娃若也一直为此而努力。他们出版著作，为很多城市、开发商、非营利性组织和政府部门提供了有效的建议和制定政策的依据。

本书为我们打开了一个研究公共生活的工具箱，在这里，它为我们提供了多样的研究工具清单的使用方法。对每位从事规划的工作者和负责改善城市公共生活的专业人士而言，深入理解本书的意义及其应用价值是至关重要的。

随着城市人口的不断增长，城市公共生活的质量愈加成为一项无论是当地还是全球都应该重视的政治议题。城市是各种急难险要问题发生的聚集地，如环境问题、气候变化问题、人口增长问题、人口结构变化及社会和健康问题，同时，城市也是发现和解决这些问题的平台。

城市与城市之间相互攀比着城市的吸引性和投资的力度。难道相互攀比的议题不应该是城市公共生活质量吗？难道关注人们对居住、工作和访问环境的体验不会比肤浅地关注哪个城市有最高的建筑、最大的广场、最有影响力的纪念碑更有意义吗？

这本令人兴奋的著作为我们提供了充足的案例和证据。墨尔本、哥本哈根、纽约及其他城市向我们展示了它们是如何做到提升公共生活质量的——它们研究人们的行为、做系统性的调研、记录人们的公共生活状态。这些案例所带给我们的启示是，我们是可以改变一个城市发展的关注点的。

公共生活研究方法是可以用来作为一项政治工具来改变城市面貌的。如果将时间倒退回五年前，没有人可以想到纽约时代广场可以从一个以机动车为主的空间转型为一个以人为本的空间。而公共生活研究，是促使整个城市转型成功的全过程中最为关键的一部分。

“观察和学习”是本书潜在的座右铭：走出城市，观察城市是如何运作的，用最平常的感知和所有的感官，然后问我们自己，这是21世纪我们想要的城市形态吗？城市生活是复杂的，然而，通过简单的工具和系统的研究，可以帮助我们更容易地去理解这一复杂的现象。

当我们对城市公共生活在城市中的角色有了新的定位，或者我们开始关注公共生活，或者我们不再仅仅只关注单体建筑和技术这一类，那么我们就可以试着问一问自己，究竟我们所向往的城市是什么模样的——这个时候，公共生活研究就会成为一项极有力的政治工具，并被用来促使改变的发生。

公共生活研究，一项用来辅助城市规划和建设的交叉学科的方法，这项工作永远不会停止，因为我们需要不断的复查、调整，再复查、再调整，且永远把人放在第一位，这才是建设一座人性化城市的本质。

乔治·弗格森（George Ferguson CBE, PPRIBA）
英国，布里斯托尔市长

引言

公共生活研究应该是通俗易懂的。就观察者而言，其基本观点是观察者一边行走一边仔细观察。观察是研究工作的关键，实现的途径也是简便而经济的。如果稍作调整，将观察纳入一个体系之中，它会提供有关公共生活与公共空间互动的有趣信息。

本书是一本有关如何研究公共空间与公共生活之间的互动关系的书。对这一领域的系统研究最早始于20世纪60年代，当时只有几位来自不同国家的研究者和记者批判当时的城市规划遗忘了城市中的公共生活。交通工程师们只关注于交通，景观设计师只注重设计公园和绿地，建筑师只管设计建筑，城市规划师则仅凭效果图和模型来规划城市。只对实体的设计和建造给予了足够的重视，却忽略了公共生活及其与公共空间之间的关系。难道人们不需要这些吗？人们真的是想生活在居所和城市像机器一样运转的环境中吗？不仅专业人士批判新建居住区缺少生气，公众也对现代主义运动提出了严厉的批评意见，因为在这一时期新建居住区的主要特征是设计时只考虑了光照、通风和便捷的原则。

关于公共生活的学术性研究，比如，就像在这本书中所描述的，我们尝试为读者提供有关行为与建成环境之间关系的知识，力求达到与建筑和交通等领域研究水平同等重视的程度。最初的目标与今天的目标是相同的：就是重新将公共生活视为规划与设计的重要内容。

相对于复杂的交通规划而言，尽管公共生活的概念或许不那么晦涩难懂，但是将其重新纳入城市并不是一件轻而易举的事情。城市中的真实景象是，公共生活近乎被排挤到不见踪影的地步，而与此同时，城市中却蕴含着极为丰富的公共生活，但由于糟糕的经济状况阻碍了为营造舒适的步行和自行车出行环境所建设的基础条件。

它也需要政治意愿和领导层来强调公共生活这样的议题。公共生活研究能够作为一项用以改进城市公共空间——即符合更具与人友好型特征城市的重要工具。研究成果可用于决策制定的过程之中：总体规划的一部分或具体的街道、广场和公园等设计项目。

生活充满了不确定性，且复杂而短暂，怎么会有人能够规划城市中的生活呢？当然，公共生活与公共空间之间的互动是无法事先在细节方面进行拟定的，但是有针对性的研究可以提供一个对什么样的空间适合人们开展生活，什么样的空间则不适合的基本理解，从而提供切实可行的解决方案。

这本书集结了扬·盖尔近50年有关公共生活和公共空间互动关系的研究成果。在学术领域，作为哥本哈根丹麦皇家艺术学院建筑学院的研究者和教师，他一直坚守着自己的兴趣。在实践领域，则凭借盖尔建筑事务所——他作为创始人之一，将其研究成果应用于实际项目中。所以，这本书中很多案例都是来源于盖尔建筑事务所的项目。这本书的第二作者比吉特·斯娃若，毕业于哥本哈根丹麦皇家艺术学院建筑学院公共空间研究中心，该中心在扬·盖尔的领导之下始建于2003年。比吉特·斯娃若的硕士研究方向是现代文化与交流，基于此背景，她又进一步开展了以跨学科传统为特征的公共生活领域的研究。

我们出版本书的主要目的有两个：一是我们想启发人们在城市规划和建设的所有阶段，都能认真关注公共生活的重要性；二是我们想为人们提供研究工具和启示；通过一些特定的案例，看到可用一种简单而又无须太多投入的方式研究公共生活。

我们希望这本书可以引导读者走入城市，研究城市空间与城市生活之间的互动，以便通过亲身体验获得更多关于提升公共空间和公共生活质量的知识。本书关注的重点不在于呈现具体的研究成果而在于提供一种工具。在这样的背景下，这些工具——或者你也可以称之为方法——不应视为研究城市公共生活和公共空间之外的其他方法。这些工具所提供的不仅是一种启示，同时也是一项新的挑战，因为在实践中应用这些方法，还需要根据实际项目的具体情况进一步完善和调整。

本书第1章介绍了关于公共生活研究的现状。第2章提出了有关该领域研究的一些基础性问题。第3章对以往应用于公共空间与公共生活之间相互作用研究的工具或者方法进行了回顾。第4章总结了关于公共生活研究的社会历史和学术背景，汇集了不同时期有影响的人物及其研究主题。第5章包含了一系列的前沿性的研究报告，反映了不同学者对公共生活研究的各种观点。特别要强调的是早期的研究，因为各种研究方法是不断发展而来的，而这些研究都见证了研究方法在实践中的应用和未来的发展是经过深思熟虑的。第6章回顾了来自实践的几个不同案例，这些案例都采用了被称为“公共空间，公共生活”的研究方法。该方法是由扬·盖尔20世纪60年代末建立的，其后又被盖尔建筑事务所系统应用于不同的城市，其中涵盖了大、中、小型城市，涵盖了世界东西南北的城市。因此，到了今天，有大量的资料可以用来学习和借鉴。第7章记述了作为政策手段，公共生活研究成果应用于哥本哈根城市发展的历史情况。总而言之，公共生活研究要融入历史、社会和学术的视角，公共生活研究既是一项学术研究，也与实践应用紧密相关。

虽然本书是由两位作者共同努力编写而成，但是没有以下团队成员的帮助和支持也是无法完成的。Camilla Richter-Friis van Deurs负责版面设计和插图；Annie Matan、Kristian Skaarup、Emmy Laura Perez Fjalland、Johan Stoustrup and Janne Bjørsted通过不同方式为本书作出了贡献和努力。最后，我们还是要再重申一次，与Karen Steenhard就本书英译本翻译的合作工作是非常愉悦的。

在此，我们也衷心感谢盖尔建筑事务所提供的工作场地，多方协助及富有启发性的环境，尤其要感谢我们的很多同事，合作伙伴和其他公司的朋友们——作为同行为我们提供了有价值的图片。也特别感谢Tom Nielsen对本书初稿提出的建设性意见，还有Island出版社，尤其是Heather Boyer；还有丹麦的Bogværket出版社。

我们感谢丹麦慈善基金会（Realdania）对本书出版的建议与资金的支持，并使本书最终得以出版。

扬·盖尔（Jan Gehl）和比吉特·斯娃若（Birgitte Svarre）

2013年5月，哥本哈根

130·000 - 140·000
pers / day.

1 公共空间，公共生活：一种互动

就像天气一样，生活是难以预测的。尽管如此，气象学者还是找到了预测天气的方法，并且，经过年复一年的努力，他们的预测方法已经日臻完善，现在可以准确和精确地发布天气预报。本书所描述的方法也是针对在不断变化中可预见的某种现象，只不过这里所关注的焦点是城市空间中的生活是如何开展的。就如同天气预报一样，这并不意味着有谁可以建立一种确切的方法来预测人们将如何使用某一特定的城市空间。大量关于城市公共空间与生活互动的数据已经积攒了许多年，就像气象学者熟悉气象知识一样，这些数据也可以为专业人士提供深入理解和预测城市公共生活是如何在特定的背景框架下展开的。

本书中所介绍的关于研究公共生活与空间互动关系的方法已经有了50年的光景。这些方法是帮助我们理解人们如何使用公共空间的工具，从而使我们能够建设更高质量和更有用的公共空间。观察法是本书介绍的众多研究法中的关键方法。

这种方法还有进一步改进的必要。因为几乎从一开始，用于观察人们使用城市的专门工具就已被忽略。相反，抽象化的概念、大兴土木、交通挑战，以及其他杂乱无序的议题主导着城市规划。

公共空间和公共生活——术语的阐述

优秀的建筑设计应能确保公共空间和公共生活之间产生良好的互动。可是，当建筑师和城市规划师处理空间问题时，事物的另一面——公共生活却常常被扔到一边。这或许是因为形式与空间容易掌控和交流，而生活却转瞬即逝，难以描述。

在每一天、每一周，或者每个月、每一年里，公共生活都在不停地变化着。不仅如此，设计、性别、年龄、财政资源、文化和很多其他因素决定了我们如何使用或者不使用公共空间。关于为什么难以将具有多样化特性的公共生活纳入建筑和城市规划之中，人们会有许多冠冕堂皇的理由。然而，如果我们可以在世界各地为那些数以亿计每天为生计奔波于城市建筑之间的人们创造有价值的公共空间，它才是至关重要的。

在这层含义下，公共空间被理解为街道、小巷、建筑物、广场、行人安全岛类等小空间，以及所有被视为已建成环境的组成部分。在广义的层面上，公共生活也相应被理解为所有发生在建筑空间中的事情，如上学和放学、站在阳台上、坐歇、站立、步行、骑自行车等。它是那些我们走到室外就可以观察到的正在发生的所有事情，并不仅仅限于发生在街道上的一幕幕活剧和露天咖啡馆里的生活。然而，我们并不是要将城市生活理解为城市的精神福祉，而是将其视为在城市公共空间中开展的复杂多样并且真实存在的生活。这并没有什么区别，无论我们从哥本哈根说起，还是从达卡、墨西哥城，或者西澳大利亚的一个小城说起，哪个城市并不重要。重要的是在各自的城市中公共生活与空间之间的相互影响。

缺失的工具

在20世纪60年代初，城市快速发展，不少批判的声音指向新建的城区，指出其发展模式存在着严重的错误。在这些新城区中，有些东西遗失了，而有些东西又难以界定，但是能够用概念表达出来的内容却只有如“郊区的”和“文化贫瘠化的”等语汇。城市空间中的公共生活已经被遗忘，被汽车、大尺度的规划思维和过于理性化、专业化的规划方案排挤到一边。在这一时期城市空间发展模式的批判者当中，有来自美国纽约的简·雅各布斯（Jane Jacobs）和威廉·H·怀特（William H. Whyte）、来自伯克利的克里斯托弗·亚历山大（Christopher Alexander）和本书的作者之一，来自哥本哈根的扬·盖尔。

从历史的发展过程来看，公共空间和公共生活曾经被认为是不可分割的整体。中世纪时期的城市是根据人们需要的变化一点一点建造起来的，这与快速发展的现代主义模式下的大尺度城市规划形成了鲜明的对比，这些城市是用了上百年的时间逐渐形成的，它是根植于人们多年来的经验和对城市空间的直觉和感知，按照人性化的尺度来建造的。

中世纪城市之所以能够有机成长，完全得益于一代代人所积累下来的建造传统，而这些传统又是基于有关如何营造在城市公共生活与公共空间之间具有良好功能互动关系的经验。但是这些知识在后来的工业化和现代化的发展进程中遗失了，这导致先天就存在着功能失调的城市环境被视为城市规划的重点，而以步行为主导的城市生活却被遗忘了。当然，自中世纪之后，社会也已经发生了变化。解决这一问题的方法不是去按照现代化之前的模式建造城市，而是要探索一种能够应用于重新建立公共生活和空间有机联系的现代分析工具。

关于学术领域的简述

在20世纪60年代，环境设计领域的先驱者们迈出了最初的探索步伐，为此他们需要较好地理解有关公共生活及其与公共空间、建筑之间互动关系的一些过渡性概念。他们的研究方法以工业革命之前城市和公共空间营造者遵循的原则为基础，获得关于人们如何在城市中停留和如何使用城市公共空间的一些基础性认知。

从1960年到20世纪80年代中期研究者们相继出版的几部著作，至今仍然被认为是关于公共空间研究的基础性教科书。[1] 虽然书中所阐述的方法在后来被进一步精炼，许多新的内容和技术也应运而生，但是研究工作所遵循的基本原则和方法却都是在那一时期建立起来的。

到了20世纪80年代中期，这类研究工作最初只是由一些学术机构来进行。然而，到了80年代末期，它清晰地表明，对公共生活和公共空间关系的分析和指导原则应该被上升为一种工具，并可直接应用到城市规划的实践之中。为了提升老城区的竞争优势，城市规划者和政府官员要挖空心思地为市民创造更好的生活环境。这样一来，它便演变成一项为市民创造具有吸引力城市的战略目标，为的是吸引更多的居民、游客、投资者，以及满足知识社会所创造的新工作岗位的求职者。要实现这一目标，就需要更好地理解人们在城市中的需要和行为。

大约从2000年千禧年开始，这一与人们生活息息相关的工作，从总体上看越来越成为建筑和城市规划实践领域所关注的关键内容。许多带有苦涩滋味的经验表明，充满活力的公共生活并不能自发产生。这一现象在那些经济高度发达的城市里体现得尤为明显，因为除了每天上班的通勤者外，人们不再占据街道一隅从事一些谋生的生计，贩卖一些小饰品或者做一些其他有趣的事情。

但是，在经济发展相对缓慢的城市也同样存在类似的问题，因为快速增长的机动车出行量，导致优先于步行出行的基础设施缺失，以及机动车产生的噪声和空气污染等因素都成为人们日常生活中所面临的问题。解决问题的关键是使城市中已然存在的大量公共空间发挥作用，使人们的日常活动得以在适合的条件下开展，使那些空间场地环境成为人们公共生活的一部分，而不是与其相对立。

城市中之观察

直接观察是本书中所描述的公共生活研究的最基本方法。就一般规律而言，空间的使用者们不会主动地参与被纳入探寻的问题之中。但他们却是被观察的对象，观察他们的活动和行为有助于更好地理解使用者的需求和公共空间是如何被使用的。直接观察还可以帮助我们理解为什么有些公共空间很受人们欢迎，而有些却备受冷落。

"……请仔细看看真实的城市。当你一边观看，你不妨也一边听听，徘徊并且思考你的所见。"[2]

——简·雅各布斯

研究人们在公共空间中的行为可以与其他形式生物有机体的研究和构建相比较。这些生物可能是动物或细胞：统计其总量，记录在不同的条件下其移动速度，基于观察到的内容，概括地描述其行为轨迹。人们的行为被整理为数据，然后被分析和解读，但是这项工作不是在显微镜下完成，而是直接用眼睛观察即可，或者偶尔借助相机和其他工具的协助，比如在一些需要近景观察的情况下，或者需要捕捉某一个快速移动的瞬间，以便于对场景做出更进一步的分析。重点是观察者需要有敏锐的洞察力。

法国文学家乔治·皮埃克（Georges Perec，1936–1982年）强调了发生在公共空间中来自平凡生活的美。[3] 在《空间物种及其他》(Species of spaces and other pieces)（1974）一书中，皮埃克引导读者去发现那些在城市中被忽略掉的存在。[4] 他鼓励人们选择性地借助一些系统性的方法去记录他们所看到的现象。

皮埃克写道，如果你什么也没有发现，那是因为你还没有学会如何观察。“你一定要学会慢下来，几乎慢到荒谬的地步。强迫你自己记录下那些很乏味、最平庸、最普通和无趣的事”。[5] 城市中的生活似乎平淡且转瞬即逝，因此，根据皮埃克的理论，观察者一定要观望，并倾注一定的时间去发现那些展现在公共空间中的平凡生活。

1961年出版的《美国大城市的死与生》(The Death and Life of Great American Cities)（1961）一书，简·雅各布斯以描述公共生活为该书的起始点，很多现象都是来源于她的邻居和曼哈顿的格林尼治村：“这本书中所描述的公共生活都是与我们自身息息相关的。通过进一步观察城市中真实生活，你就可以理解书中所例证的现象或者观点。请仔细看看真实的城市。当你一边观看，你不妨也一边听听，徘徊并且思考你的所见。”[6] 根据雅各布斯的观点，当你生活行走在城市中的时候，你应该花一点时间去体会你所感受到的，即“用你所有的感知”。当然，视野的感知是观察的关键，但是这并不意味着阻断了我们其他的感知能力，相反，我们应该集中注意力，去发现每天不知不觉发生在我们身边的事情。

根据《麦克米伦在线词典》(Macmillan online dictionary)的解释，“观察”被定义为“为了发现某些事物，认真而仔细地去观察或者研究场景中的某些人或者某些事”。[7] 认真而仔细地观察恰恰可以从日常生活场景中获得有用的知识。无论是谁，当他决定开始去观察城市公共生活的时候就会很快意识到他必须遵循一套系统性的规律或者方法，才能从复杂而混乱的公共生活中提炼出有用的知识。也许被观察着的人正在专注于某一件事情，但是花一点时间看看街道上的其他人，或者街道上映入眼帘的游行队伍也成为引人入胜的场景。

总而言之，观察者应该像一句无贬义的谚语所说的那样：“墙上的苍蝇”——只是晚会上的一名看客而非活跃的社交名流；一位隐形的非活动参与者但却能够捕捉到整个活动的画面和细节。基于研究课题的特点，一位观察者往往扮演着不同的角色。比如，登记员的作用需要细数计算单位，精确性是最为重要的关键所在。又如，登记员也可以起到评估者的作用，将统计的人按照年龄分类，在这个例子中，具有评估能力至关重要。登记员或许是分析者的角色，记录下日常细节的细微差异变化，通过训练有素的眼睛和具有经验的直觉获取场景中相关类型事物的信息。

观察的艺术是可以通过对眼睛的训练来提升的。通常情况下，有职业经验的人和没有职业经验的人的眼睛是不一样的。但原则上讲，每个人都可以观察城市中的公共生活。初学者需要磨练自己的技能，用一双新的眼睛去观察世界，适当借助一些工具。而经过职业训练的眼睛则可以很容易洞察场景中的事物之间的关联性。然而，不同的观察者在对场景中形式的认知是可以有很大不同的。如果人们也期待观察者能够对自己观察的事物做出一些解读的话，那么他们则需要受到全方位的训练。

人力或机器

在他们反对现代主义规划的声音之中，城市公共生活研究的先行者们，诸如简·雅各布斯、威廉·H·怀特和扬·盖尔等，鼓励人们用自己的眼睛去审视公共生活与公共空间之间的互动，因为它能使人们更深刻地理解这种互动。我们相信这一方法依然是具有批判性的——鼓励人们用眼睛直接去观察，以便使人们真正步入城市场景中，并利用自己的感知，用笔和纸记录下常见的感觉和简单的识别方法，但这也是在这里强调这些人工观察方法的原因。

运用这些人工观察方法，观察者便成为影响研究结果好坏的人为因素。而运用技术性手段，如录像机进行录像监测或者GPS跟踪定位等工具被视为更为客观性的技术手段。是否采用技术性方法，主要由我们对研究精确程度的要求和对获得数据与资料所需的形式而定。二者之间关键的不同点在于，由观察者所获得的信息总是比由仪器设备获得的冷冰冰的表象素材丰富而生动得多。比如，当人们在场地中统计人数的时候，可以随时记录下在空间中存在的可能影响人们行为的因素。观察者运用他们的感知和生活常识通常可以获得意外的收获，而一台设在自行车道旁的自行车自动计数器却仅仅能够记录下通过的骑车人数，或许某一天几乎没有一个骑车人被记录下来。人工方式观察却能做到发现离自行车计数器几米远处停着一辆面包车，所以骑车人经过此处时需要绕过面包车。观察者自然会记录下骑车的人数、骑行的环境，并拍下照片，但是自动计数器却仅能简单而机械地记录下骑行的人数。

伦理规范

在收集关于人的行为信息的时候，有一点需要始终注意，就是要牢记在何种情况和任何地方不能违反伦理道德的规范。通常，使用的数据都应该是匿名的。当然，不同国家法律规定的内容是各不相同的。

观察到的场景往往都是通过照片记录的。在丹麦，凡是在市民可以自由出入的地方拍照片都是合法的。换句话说，在未经允许的情况下，人们是不能进入私人领域（采集信息和数据）的，但是如果你站在外面，而某人站在自家院子里，那你的拍摄是被允许的。这项规定具有双重的意义：保护个体的私有空间不被入侵，同时也保护了记者和其他人可以自由地收集信息。[8]

哥本哈根的主要步行街斯特勒格特（Strøget）的系列照片，阐述了简·雅各布斯所定义的“人行道芭蕾舞剧。”[9]舞剧呈现在短暂的场景中，在这场景中生活就像一段舞蹈一样在公共空间中展现。下一页的例子展示了一个发生在哥本哈根市中心以一张长椅为舞台的小型舞剧。这份对长椅使用的细微差别的记录，来源于1968年扬·盖尔发表的一篇文章《行走的人们》。[10]照片下的连续对话最初是由扬·盖尔和马克·冯·沃特克用丹麦文写的。马克·冯·沃特克是在1968年参与了首次针对哥本哈根进行的大型的公共生活调研项目。

一张长椅是如何被使用的？

扬·盖尔，“行走的人们”，《建筑师》，201968年20期[11]
——马克·冯·沃特克

这有一张长椅。

A+B：“不错，让我们坐坐……”

A+B：“…那么我可以抽一口烟”
（背景中的男士仍在等待。）

C：“啊，那有个空位：我要坐那儿。”

A+B：“好了，我们走吧。”

C：“这是一个小坐的好地方。”

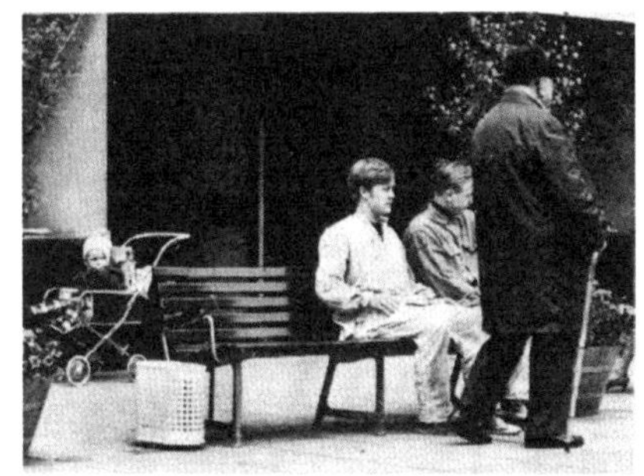

C：“这儿来了两个裤子上沾满油漆的学徒。我想我已经待得够久了。”

D+E：“哇哦，你看到她了吗？”

这张长椅没有人坐。

F：“啊，一张没有人坐的长椅。不知道那些红色的座椅是否也有空着的？”

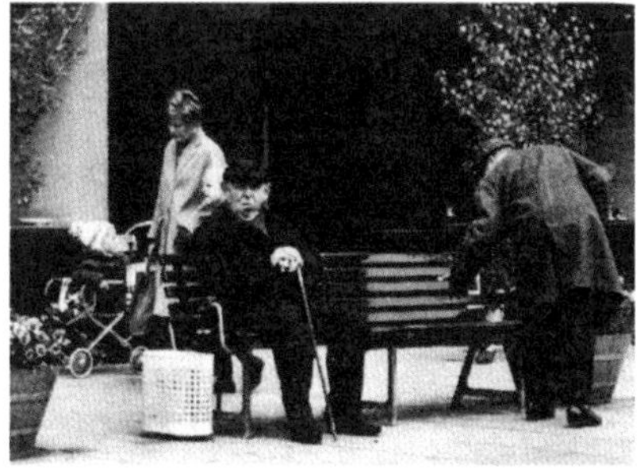

G：“这是个好地方。我要坐在这一端。地面上那些白色的是什么？新鲜的油漆！——算了，我还是不坐那儿了。”

F：“所以他并非真正想坐下。我想我可以和自己做伴……”
（那个孩子仍然在自己的童车里耐心等待。）

2961

2 关注谁？关注什么？关注哪里？

在进行现场观察之前，非常有必要将要探寻的问题系统化，将多样性的活动和不同人群进行二次分类，以确保可以获取特定而实用的关于公共空间与公共生活之间复杂关系的信息。本章概述了几个一般性的研究问题：关注谁、关注哪里、关注什么、发生的时间和可以量化的信息，并通过一个案例来说明在不同的背景条件下这些基本问题是如何被研究的。

一旦我们开始观察城市生活及其与周围物理环境的互动，在世界任何一个地方，即使在最普通的街角，也可以提供关于城市生活及其形式之间相互作用的有趣知识。我们可以通过提出基本的问题把我们的观察系统化，例如：谁？什么？何处？

左图：阿根廷，科尔多瓦。建筑师Miguel Angel Roca于1978—1980年在此为建筑和社会城市政策制定了一个整体策略。[1]

关于公共生活和活动形式之间互动关系的问题列表，可以很冗长甚至无穷尽。上一段文字中所列举的问题都是最基本的，它们之间很自然也可以以任何方式结合到一起。比如，当问到人们在哪里停留时，通常都会与他们是谁、他们停留多久，以及对其他类似问题的发问结合起来。

不可能起草一套固定的调查问题模板，然后将其应用到对所有区域或者城市的调查研究之中，因为每一座城市都是独一无二的，观察者必须运用自己的眼睛、其他感官和良好的感知能力来观察。最重要的一点是场地背景和现状决定了研究的方法和工具，即如何以及在什么时候开展研究。

然而，所有场地和情景的共性是，当观察者将视线聚焦在一组人，或者某一类型活动，或者其他能够吸引他们注意力的各式各样的活动、人群、爱好时，很明显要想预测场地和情景如何变化是一件复杂、掺杂很多交集的研究工作。不同类型的活动相互交织在一起：娱乐和有目的性的活动同时进行。我们可以说出一连串的活动，以及其后续的变化。恰恰因为公共生活与空间的互动关系是如此复杂且难以读懂，所以，尝试以记者追踪报道新闻的方式探寻一些基本问题，然后重复使用这些问题，将整个场景发生的事情逐层分析，应该是一种奏效的方法。

将研究的重点放在关注什么人、什么事、在什么地方及其他类似的一些基本问题上，可以获得有关人们在公共空间中行为方式的基本知识，以及某些特定活动的特别知识。这些关键性问题研究，可以提供相关的文件材料，以便理解某些活动呈现的模式，或者提供为什么有人选择去或不去某一个场所的原因。这些基本的问题不仅可用于实践之中，而且也可用于研究工作之中。

英格兰布莱顿新路

有多少人正在移动，有多少人正在停留？在布莱顿新路，公共生活调研能够评估出人们对空间改造前后的使用情况变化。2006年这条道路被改造为步行者优先的街道之后，步行者的人数增加了62%，人们的停留性活动上升了600%。[2]

这种前后人数对比统计类型的研究方法适合于应用在各种程度和尺度的研究之中。在布莱顿，统计数据表明了新路是如何从一条机动车行驶为主的道路转型为供人们停留驻足的公共空间的。像这样的统计方法可用作争取其他步行优先项目的强有力的证据，既适用于当地，也具有普遍意义。

改造前

改造后

问题1. 多少?

通过统计有多少人在某些特定空间中从事某种活动的方式，可以使用定性的方法评估公共生活的发生情况。几乎所有的城市都有交通管理部门，这些部门能够精确统计出行驶在街道上的汽车数量，但却没有相应的部门来统计步行出行者的数量；由于没有人数方面的统计，对公共生活也几乎是一无所知。

人们出行数量的统计提供了量化的数据，这些数据可用于评估项目是否符合要求，或许可用作证据，但也可能在某些决策制定过程中引发争议。令人信服的数据资料（在研究中）往往能成为具有说服力的论据。

从统计"有多少人"的问题开始起步是研究公共生活的基础。原则上讲，所有的事物都可计数，但麻烦在于经常统计的在册人数中究竟有多少处于移动状态（如步行街的人流），又有多少驻足停留（静态活动）。

在公共生活的研究工作中，统计空间中"有多少人"或"没几个人"的问题，可用于不同的项目背景中，比如在城市公共空间改造项目开始之前或改造之后。如果在项目开展或者改造之前，我们记录了"有多少人"在广场上驻足逗留，那么当广场被改造之后再进行一次统计，我们就可以评估这个工程的成功与否。如果工程改造的目的是要吸引更多的人来广场停留，那么用同样的研究方法在可比较的时间段内统计有多少人使用该广场，并将改造前后两组数据进行对比，就可以快速评估出项目改造是成功还是失败。通常，要将统计的大量数据进行整理，以便能够对一天中的不同时段，不同日期、不同季节的数据进行比较。

数字本身不具有任何意义：重要的是不同组的数字可以进行比较。因此，统计的关键在于记录的精确性和可比性。像天气和一天中的不同时间这些具体情况一定要连续精细地记录下来，以便使相似的研究工作能够在后续获得资料支持的情况下开展下去。

问题2. 关注谁

收集有关人们在公共空间内行为方面的信息是研究公共生活的基石。当我们提到“人”这个概念时，我们是泛指不同人群，基于不同指标进行观察和统计记录的人。统计数据通常能更为精确地指出谁在使用各种不同的空间。当统计能够在个体层面进行的时候，它往往意味着提供更多基于个体的信息，以便使调查能够更好地反映整体的内容特征，比如性别和年龄。

关于各类人群行为的基本信息，可以用于满足妇女、儿童、老年人以及残疾人需要的更为精细的规划。我们之所以强调这种不同群体间的共享性，是因为他们常常是被忽略的群体。[3]

有关性别和年龄这类整体性的问题，可以通过观察进行统计，这自然会允许有一定程度的误差存在，如在对个体年龄分组归类这种主观性的评价。当然，诸如将被观察的人群按照职业和经济收入情况进行分组的任务，仅凭观察这一种方式也是很难或几乎不可能完成的。

纽约市布莱恩特公园

布莱恩特公园位于时代广场和纽约中央车站之间的曼哈顿中部区域。衡量一个公园安全与否的指标之一是公园的女性来访者人数。每天从13点到18点，公园管理者都会有计划地巡视公园的每个区域，并用两个计数器分别记录来访的男性和女性人数，同时还要记录天气情况和温度。

在布莱恩特公园，理想的来访者性别比例应该是女性为52%，男性为48%。如果女性来访者的比例有所下降，这可能是公园安全环境变差的警示。当然，天气状况也会产生一定的影响。不过，对布莱恩特公园的调查数据表明，当天气晴好时，女性来访者的人数会增多。

问题3. 关注哪里?

规划者和建筑师可以根据人们想去哪儿或者想在哪儿停留的意愿来设计公共空间。但是，很多在草坪上践踏出的脚印证明人们往往不会按照设计师的想法行事。为了鼓励步行者可以畅通无阻地通过，并营造出最佳的空间环境来邀请人们使用公共空间，具备有关人们在一个空间内往哪儿行走及在哪儿停留的具体的基本知识是至关重要的。观察人们的流动轨迹和驻足的地方，可以帮助我们找到问题的症结，从而可以在设计中合理规划出步行道和停留空间的位置。

如果研究的区域已是划定的公共空间，常常要研究有关人们喜欢在哪里停留：在边缘，在场地中间或者散布在整个空间内？在公共、半公共还是私人的区域内？关于“去哪里或在哪里”的问题，可以使观察者聚焦于与人们在空间中的位置相关的场地功能或元素，如街道家具、花园大门、场地入口、房屋门及建筑物柱子等。

如果研究的区域是一个邻里社区或住宅区，通过观察可以了解人们在空间什么地方逗留和开展活动，以及在多大或多小程度上的聚集和离散。从城市层面的角度出发，这种观察意味着记录或为众多使用功能、活动类型、步行人流方向和人们喜欢逗留的场地定位。

哥本哈根福莱特兄弟广场

微气候，特定场所的气候，能够在很大程度上影响人们是否愿意停留在那里。当一个人从地点A步行去地点B，他们通常能感受到微风拂面、阳光沐浴或阴凉怡人的小气候，也正是这些决定了一个空间是否能够成为让人们驻足的舒适场所。[4]

这张摄自哥本哈根福莱特兄弟广场的春季照片很清晰地表明了气候的重要性，即人们是否愿意在一处给定的场地中停留。在寒冷的北欧气候里，人们喜欢有阳光的地方。这张照片同时也说明这些树是如何成为空间中的焦点，说明有多少人在使用座椅，以及在实际生活中人们是如何保持彼此之间的一定的社会距离的。同时，它也再次验证了有驻足的地方会吸引更多的其他人到来。[5]

关于“在哪里”的问题可以与人们在何处停留联系起来，即人在空间中的停留状态与他周围其他人、建筑和城市空间或气候条件相关。如果我们设想一下，同一场所在阴云密布的白天或夜晚的景象，你会发现人们停留的地点会截然不同。

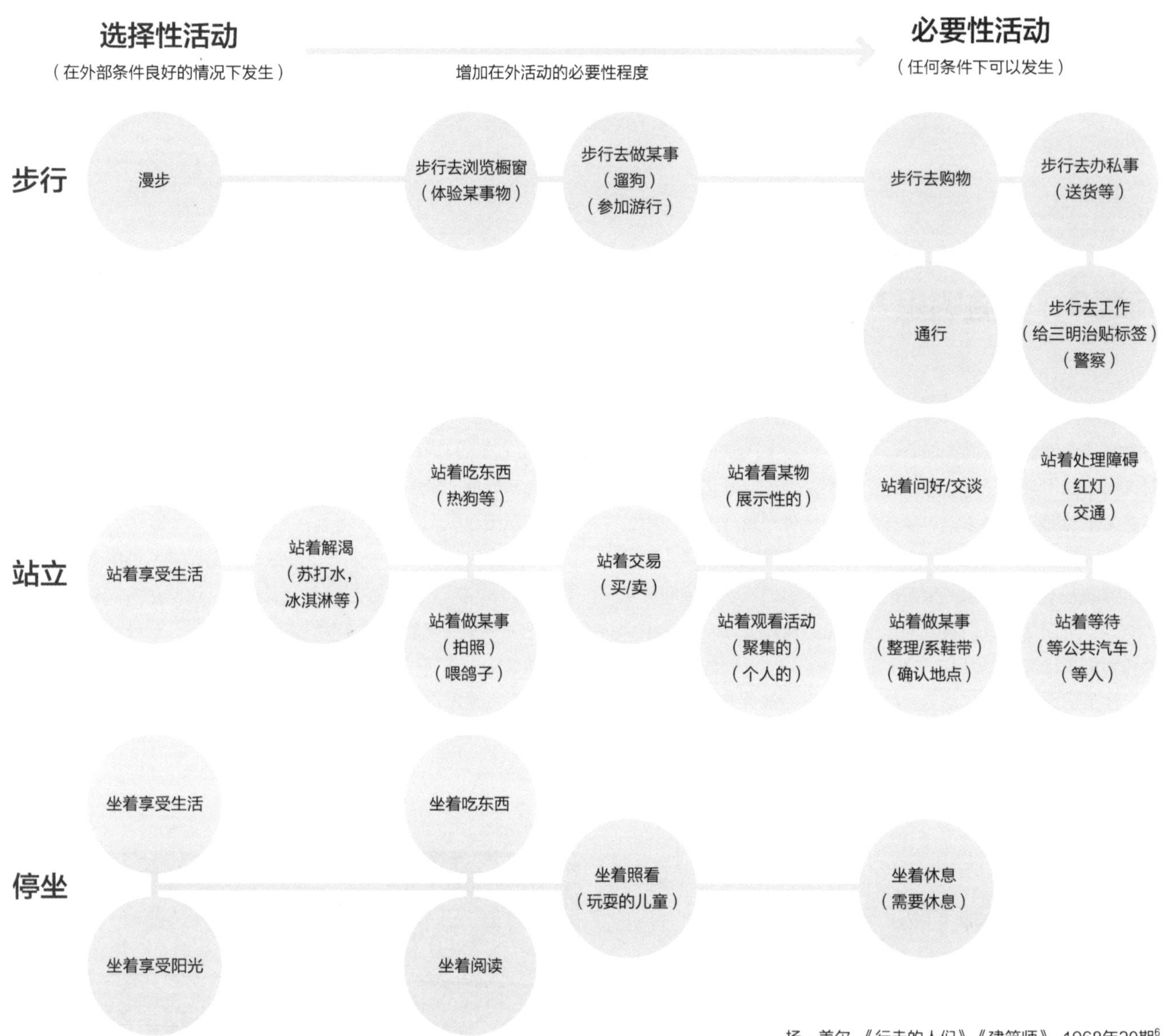

扬·盖尔，《行走的人们》，《建筑师》，1968年20期[6]

必要性活动和选择性活动

对必要性活动和选择性活动的阐述源于1968年，扬·盖尔在《建筑师》杂志上发表了文章——《行走的人们》。随后，这两种活动类型成为最初开展大规模研究公共空间与公共生活内容的一部分。

对活动类型的早期分类是盖尔记录描述城市空间的基本工作。后来，总体性的分类，即必要性和选择性活动被认为具有历史意义而载入这一研究领域。[7]

在20世纪里，只有有限的必要性活动发生在公共空间中。然而，在21世纪的今天，要说明公共空间中的活动类型，则是增加了许多诸如一边走路一边打电话，由于公共场所禁烟之故人们或站或坐在公共空间里吸烟，以及其他不胜枚举的新的活动类型。从一处空间再到另外一处空间，所发生的公共活动类型是极为多样的。

问题4. 关注什么?

绘制出在城市空间中正在发生的事情可以为我们研究空间中的活动类型提供具体而有用的信息，比如停留、商业活动或者健身运动，以及在开展这些活动所需的物质环境方面的要求。这种观察还关系到街边商店的店主，关系到城市规划师对于公共空间的设计。就更有普遍性或政治性问题而言，它还与健康和安全这样的主题相关联。

从广义上讲，公共空间中最基本的活动类型有步行、站立、坐歇和玩耍。具体可以记录的活动类型几乎是数不胜数。最有意义的观察通常是可以记录下同一时间发生的不同类型的活动。不过，重要的是梳理出一种最佳的可以记录涵盖所有活动类型的方法，当有些活动类型很难进行分类的时候，系统性的记录将有助于人们获得总体水平。

总的来说，公共空间内的活动可分为两类：必要性活动和选择性活动。必要性活动包括购物、步行往返于公交车站，或者作为停车场的执法服务人员、警察以及邮递员的活动。选择性活动包括漫步或者慢走、坐在台阶、长椅或长凳上休息、读报，或只为享受生活而步行或坐着。有些活动对一部人而言是必要性活动，但对其他人却未必如此。

从历史发展的角度来看，公共空间的使用已经逐步从以基本需要为驱动的必要性活动演变为选择性活动。[8]

社交性活动可以发展为必要性活动或者选择性活动，而且这些变化是以其他人在场作为背景或者互动为前提的：在同一空间内，人们相互擦肩而过，或者当与其他活动发生联系时会互相观望。这样的例子如儿童的玩耍、相互问候与交谈，以及其他常见的活动，或者是所有最为普遍性的社交性活动：以观望或者聆听他人的方式被动性参与的活动。[9]

为了证明公共空间的功能是人们相遇的场所，界定和记录公共空间中的活动类型对研究公共生活是非常重要的。公共空间是生活在城市、民宅、社区中的人们会面的场所。从广义上讲，与他人相遇往往会引发意想不到和产生有趣活动的事情，这对作为个体的人来理解社会生活会有很大的影响。

与彼此熟悉的人之间开展的社会交往活动与和在街道上遇到的陌生人交谈或者询问信息的情境是不同的。当你和陌生人说话时，常常是你很容易与站在你身边的人开始交谈。进一步而言，如果你们是在一个空间内共同体验或经历某一事件时，即便身边是陌生人也无妨。威廉姆·怀特曾用“三角位”来定义这样一个情形：两个互不相识的陌生人在参与一项室外活动的时候开始交谈。引发两人开始交谈的催化剂可以是一位正在街道表演的艺术家或者像一尊雕塑这一类的物体，再或者是一些不常见的情景，如夏天里突降的冰雹、断电、邻居家建筑失火以及其他任何能够引发陌生人间开始交谈的场景。[10]

澳大利亚墨尔本斯旺斯顿街，周日早晨。

随机选择行人，测试他们在100米距离内的行走的平均速度。在哥本哈根步行街斯特勒格特，做了4次观察，分别在：1月、3月、5月和7月。

照片来源于扬·盖尔1968年发表于《建筑师》中的文章《行走的人们》[11]。

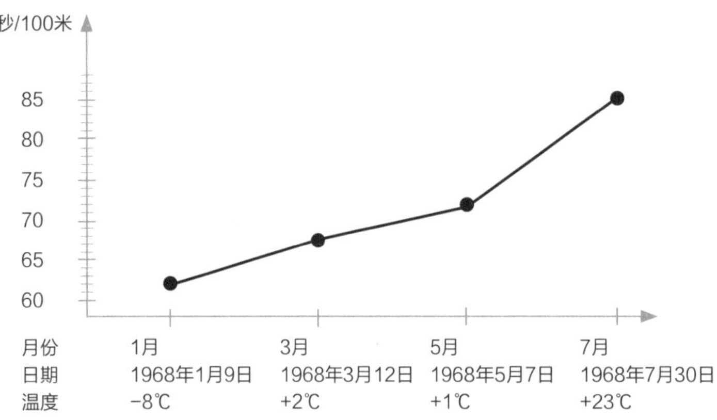

最快的速度：100米，48秒。

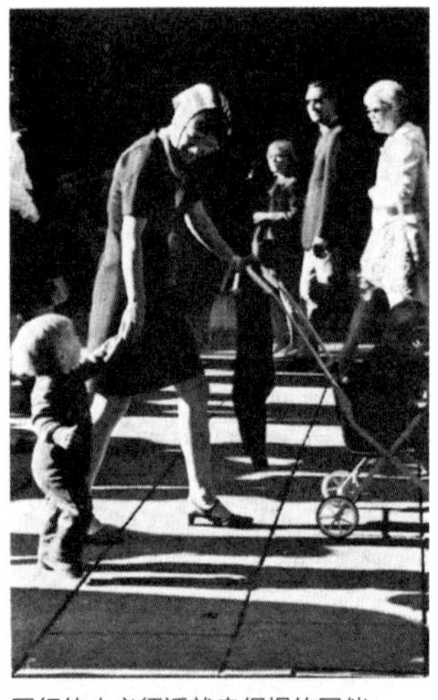
同行的人必须迁就走得慢的同伴。

最慢的速度：100米，137秒。

步行的速度有多快?

始于1968年的上述研究中，与对步行者平均步行速度记录有4次。在哥本哈根市一条长约100米的步行街上，步行者走完1.1千米的时间大约为12分钟。但实际情况却受到如天气、步行者年龄、街上行人的多少，以及步行者是独自前行还是有其他同伴一起行走等因素的影响。

研究中，以100米的长度为一个代表单元，对步行者的速度以走100米需要的秒数为记录单位。结果表明，上升的曲线清晰显示出这样的趋势，即天气越暖和，人们在街上行走的速度也就越慢。而曲线低谷处则揭示了不同速度下人们是怎样不同地行走：（底端的照片…）“一个人行走要比一组人的行走速度快”。独自行走的男性行走的速度最快（记录：48秒/100米），而青少年和女性步行的速度就会稍微慢一些。与他人一起出行的步行者就像所有护送或者照看儿童和老人的情形一样，他们不得不放慢脚步照顾走路最慢的人，成为最慢的步行者。行走最慢的人当属正在巡逻中的警察（速度为137秒/100米）。”[12]

问题5. 有多久?

人们步行的速度和停留时间的长度，可以传递出公共空间物质场所质量的信息。通常那些可以使人放慢脚步和愿意驻足的空间都是与其所具有的质量和提供的乐趣相关的。

记录与物质空间环境相关的人类活动会遇到一系列的特殊问题，首先而且最为重要的问题是涉及活动的过程——一连串的事件——依然在持续的变化之中，而且每一时刻都与之前和之后所呈现的内容不同。相比之下，例如测量建筑物，时间在我们对活动的研究中是一个重要因素。

时间是人们理解在公共空间中生活的一个必要维度，它使“停留多久”成为研究的一个关键问题。此外，以几日、几周和几个月为时间流逝的单位，个体研究也十分关注“多久”的问题，包括在一定距离内人们从一个地点到另一个地点需要多长时间，他们在某处停留了多久，以及他们的活动持续了多久等类似的问题。

这些问题的答案往往可以推断出人们愿意步行多久的时间到达公共交通车站，或者决定某一活动对空间的整体活动水平的影响程度，不过这些只是个例子而已。

研究有关各种活动持续多久的基本数据，可用于指导如何使人们更乐于在空间中多停留，同时也允许另外一些空间仅仅是供人们路过而已。在有些场所，则是希望人们尽可能快地离开，以便把空间留给其他人。

有关各类活动持续时间的研究可以用来更准确地说明在具体的某一项活动中人们花费了多长时间。比如，从停车场走到住处，再查看一下信箱，不会花费多少时间；相反，打理花园或儿童们的游戏通常会耗费很多时间。[13] 显然，用活动之间持续时间长短的关系形成的数据可以为研究提供新的视角。此外，个人时间的支配常常会很轻易地受到经过精心规划与设计的空间所左右。

作为一项规则，要邀请人们在空间中多停留一会儿并不需要昂贵的投入。但是，人们在空间中停留的景象（盖尔修改于2013年12月3号），可以影响其他人对这个空间是否值得停留的认知判断。

Urbanology
Landscape Arch.
Psychology
Urban Design
Sociology
Architecture
Geography
WARD AND CENTRE
GARDEN - CITY
COLUMBUS
GARDEN
CENTRAL PARK
GRAND AVENUE
Vandfaldet er 25m langt
og vandet falder ca. 5m
ned
Kl. 18:30 ca. 76 personer leger eller op-
holder sig på den forsænkede plads.
Kl. 19:15 ca. 157 personer er på stenpladsen
Hal
pladsen
parken
indgang
115m
~130m
50m
200m

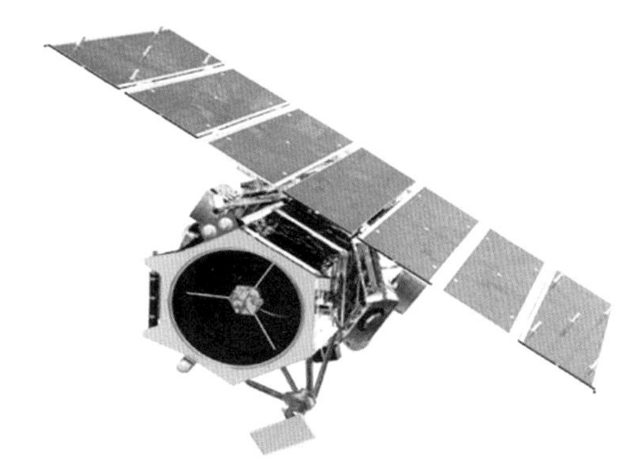

3

现场计数法，地图标记法，跟踪记录法及其他工具

本章描述了系统研究和观察公共空间与公共生活之间互动信息的工具。同时，还列举了通过间接观察的方式，比如用相机或者其他技术设备来追踪和记录人们公共活动并进行研究的几个案例。

无论选择怎样的工具，都必须要考虑研究的目的和时间性。接下来的一节简要地解释了这一类研究需要注意的一般性问题，以及对主要工具的描述。当然，还有其他工具，但我们在这里介绍的内容都是基于本书作者的经验，认为最为重要的工具。

研究目的与工具选择

开展研究所需要的工具取决于研究的目的、预算、时间和当地的实际情况。研究结果会用作政治层面决策的参考信息吗？或是会用作即时数据以评估项目改造前后成效吗？你在收集作为设计过程的一部分的特定背景信息吗？或者你逐年收集的基于不同区域的信息会应用于具有普遍意义的研究项目中吗？

工具的选择取决于研究的区域是已划定的一处公共空间、一条街道、街区一角还是整座城市。即使是在限定的区域，也很有必要从历史的角度思考研究的内容，包括当地的地形地貌、文化和气候等各个方面的情况。单纯的一种工具是难以满足需要的：通常有必要将各种不同的调研工具结合起来使用。

选择研究的时间——风和天气

研究的目的和当地的条件决定了研究时间段的选取。如果研究的区域有很丰富的夜生活，那么将研究的时间段延续到午夜之后是很重要的；如果研究的区域是居住小区，或许活动的动态记录到傍晚时就可以了。如果是儿童游戏场地，调研的时间就宜安排在下午进行。而工作日和周末的情形会有很大的不同，再者，一般而言，在假期人们的活动模式也会有所变化。

由于宜人的天气为人们开展户外活动提供了绝佳条件，所以调研时间段通常选择一年中天气很好的日子。区域间的差异性自然是极大的，但就公共生活研究而言，宜以良好天气条件下人们开展公共生活的情况为参照标准，尤其是室外逗留类的活动。天气是影响人们开展逗留类活动尤为敏感的因素，因为即使暴风雨过后，天空晴朗，人们还是不愿意坐在被雨淋湿了的长凳上，如果感觉像要下雨，大多数人都不愿寻找可以坐下的地方。在调研的当天，如果天气不是很好，就有必要将未完成的调研工作推迟到天气好的时候进行。在通常情况下，将两个半天的研究记录合并为一天是没有问题的。

调研工作也可能会由于天气之外的原因中断。一大群在路上准备去看球赛的球迷或者游行的队伍都会打乱常规活动的状态。

调研记录的结果一般会依据真实情况做一些修正，因为事实上没有哪件事情会是完全如事先推测那般准确。这正是城市形成的场所——我们可以随时间流逝坐在那里观看其他人和观看其所发生的事情，也正是难以让人捕捉得到的那些不变的、易变及丰富多彩的城市生活；这也正是城市使得公共生活如此生动多姿，使得观察者深入城市公共空间和留意影响城市生活的那些因素。这是使用人工到场所中观察记录与借助某种自动化工具记录的最关键的不同点。

人工或者机器

进行场地观察的记录手段基本上都是需要手工完成的，这些大体上可以被自动化记录手段所取代。在20世纪60、70和80年代，大多数调研工作都是通过人工的方式进行的，但是，更新的技术手段能够记录远距离的人数及其运动轨迹。自动化工具能够处理大量数据，它节省了人力，却需设备的投入，并需人来收取数据。因此是选择手工还是自动化方法，一般取决于研究项目的规模和设备的价钱。很多技术设备要么不是很常见，要么还在发展的最初阶段，这更加促使人们考虑工具之间的优劣。然而，在未来公共生活研究中，自动化的调研手段将会发挥愈加显著的作用。

另外，自动化技术获取的数据常常需要一定的时间对其可靠性进行整理和评估，而评估所消耗的时间常常相当于直接观察所需要的时间。

几乎不用花钱的简单工具

在公共生活研究的工具箱中，所有的工具都是基于实际需要而产生的，即为改进人在城市中的生活质量，使人在城市中更可见，并提供建造人性化城市需要的信息。同样重要的是通过运用这些工具使其在实践中发挥真正的作用。这些工具可灵活用于特定的研究任务中，并可适时调整或者改进，以符合专业、社会以及技术的发展要求。

通常来讲，这些工具都很简单，也很便捷，所以开展这类调研所需经费很有限。大多数研究仅仅需要笔、纸张，有时或许还需要计数器和秒表。这也就意味着非专业人员在没有用于购置工具的大笔支出的情况下也可以开展这项研究。同样的工具既可以用于较大规模的研究项目，也可用于小型的研究项目。

对所有的公共生活研究而言，其关键的问题在于观察和充分调动你的感官来感知空间。工具只是用来辅助收集数据并将其系统化。与其花费时间在对不同工具的选择上，倒不如改进工具以满足研究的需要。

为了确保调研获得的数据可用作与该研究中的其他数据以及随后在同一场地或其他场地获得的调研数据进行比较，详细记录调研当天的天气状况和调研的时间段，及其准确日期是尤为重要的，这涉及日后的类似调研工作的开展。

现场计数法

在公共生活研究中，现场计数法是一个被广泛使用的工具。原则上说，每一种事物都可以被计数。计数可以为先后的关于不同地理区域或者不同时期的事物对比提供数据参数。

地图标记法

行动、人、停留的地点，还有很多活动都是可以在地图上被绘制下来的，即在被研究区域的地图上，标记出在所发生的活动的类型和数量，以及活动发生的地点。这种方法也被称作地图标记行为法。

轨迹记录法

在研究区域的平面图上绘制出人们移动的路线即轨迹记录法，这种方法可以用来追踪记录人们在这个限定区域内部或者穿越该空间时所选择的活动路线。

跟踪记录法

为了能够在一个较大的区域或者长时间观察人们的活动特征，观察者可以在被跟踪人不知情，或者获得其同意的情况下，谨慎地跟踪和观察。这一方法也被称作盯梢。

探寻痕迹法

人们的活动通常会留下痕迹，例如丢在街道上的垃圾，留在草地上的污迹等。这些痕迹都给观察者提供了城市生活的信息。这些线索可以通过计数法，影像记录或者地图标记的形式记录下来。

影像记录法

影像记录是公共生活研究里必不可少的一部分。其用以记录公共生活情景，这些公共生活情景包括在活动发生后，公共生活和公共空间之间或积极或失败的互动。

日志记录法

每日记录可以记录下关于公共生活和公共空间之间详细而具有细微差别的互动。记录下来的内容可以在日后用作对公共生活进行分类和量化。

步行测试法

在行走中观察周围的公共生活可以或多或少地被系统化，但是其目的在于使观察者可以有机会去发现在某一特定路段内行走时，开展公共生活会遇到的问题和潜在的机会。

现场计数法

现场计数是公共生活研究的一种基本方法。原则上讲，所有的事都是可以被计数统计的：人数、性别比例、多少人正在相互交谈、多少人在微笑、多少人是独自或与几个人一起行走、多少人在动，多少人正在使用移动电话与人交流、多少店铺在闭店后窗户上使有了金属防护栏、周边有几家银行等。

通常被计数的是有多少人正在移动，以及有多少人在停留。计数统计可以提供定量的数据，用于论证项目的合理性并为决策提供依据。

调研数据可以用手持计数器来计量，或者就简单地用笔在纸上做场地标记来记录走过某一预选线路上的行人数量，如果要统计空间中驻足的人数，观察者典型的做法是需要环绕整个空间并手工清点人数。

每一小时计数10分钟，就可以提供相当精准的一天城市生活节奏的信息。城市每天生活就像肺部呼吸一样，具有很强的节奏感和一致性。昨天和明天的城市生活是非常相同的。[1]

当然，每次计数持续10分钟是非常重要的。因为这将是随后计算每小时行人交通量要重复进行的样本。所有单一小时的记录综合起来即得到一天的概况。因此，微小的不准确计数也会影响到最终结果。如果场地人数稀少，计数就必须有更长的时间间隔以减少其中的不确定性。如果发生任何不确定的因素，必须记录下来，例如道路施工或其他任何可能影响较多人到来的因素。

通过人工统计城市空间改造前后人数的变化，规划师们可以快速而便捷地评估改造工程是否为城市带来了更多的公共生活，以及各个年龄组人的人数是否分布更多一些等。计数统计通常用于较长的时间跨度内，不同年、周、日的比较研究。

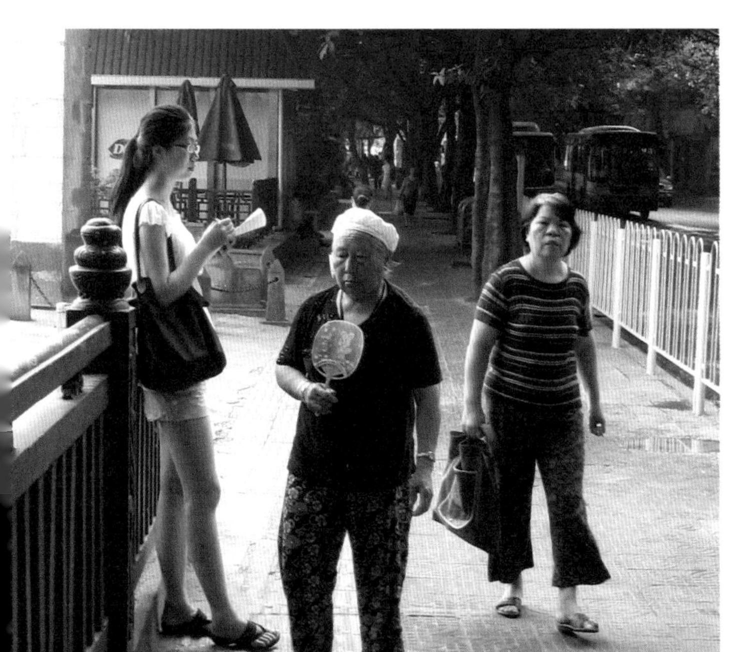

中国重庆，对步行者数量进行统计。[2]
记录所有经过的行人数量。
如果有很多行人经过，计数器是非常必要的工具（右图）。

地图标记法

地图标记法是在调研选定空间或区域内的地图上简单标记所发生的事情。这种方法被典型地用来记录人们在哪里站立或者停坐。标记在不同的时间段内，甚至更长时间跨度内人们在同一场所的位置状态。被标记的地图可以一张一张地叠加到一起，这样，一个场所的静态模式的图景就会逐渐清晰地呈现出来。

为了全天候反映人们在场地中开展活动的状态，非常重要的是要记录下一天之中几个瞬间的“生活状态图”。这种在调研区域地图上标记人们逗留的方法，可以用于全天选定的不同时间节点上。标记图能够显示出场地在不同时间段的静止状态。观察者可以用不同的符号（如画叉，画圈或框）代表不同类型的静止状态——换言之，即场地中正在进行的事情。一项调研通常可以回答几个问题，即有关在哪里、发生了什么等这类定性方面的信息，还可以作为对计数的定量性质进行补充。

这种方法提供了在给定公共空间中某一瞬间活动状态的情景图。它像一张鸟瞰照片一样快速定格了场景中正在发生的一切。对观察者而言，如果整个空间是可以被观察到的，那么他或她可以从一处制高点记录下空间中所有的正在发生的活动。如果空间很大，观察者必须步行到各个角落，标绘出人们的活动，然后将各个场地标绘图拼接起来就构成了场地的一张完整的情景图。当在空间行走观察时，有一点是非常重要的，就是观察者一定不要被身后发生的事情干扰，而将注意力集中在眼前正在发生的事情上。要点是捕捉瞬间的单一情景图胜过多张无代表性的图。

1.

原始文字说明，来源：“行走的人们”，《建筑师》，1968年第20期：

1. “冬日，周二，1968年2月27日（……）平面图B1标示了上午11:45区域内站立和坐着的人，表明向阳面的所有座椅都被使用，而区域内其他座椅都没有被使用。聚集了最多的站立人群的地方是阿迈厄广场上卖热狗的小摊附近。平面图同时也说明了，人们站着说话或者站着等待的地方不是街道中间就是沿着建筑立面旁。”

2. “春日，周二，1968年5月21日（……）像2月一样，平均约有100人站在商店的橱窗前面，但所有其他形式的活动均有所增加。增加最显著的是那些站着看热闹的人数。这时候更暖和，有更多的事情发生，所以有更多的人在看。”

3. “夏日。周三，1968年7月24日（……）站在商店橱窗前的行人数量（约30%）仍然没有改变。这个数字将呈现出一种稳定状态（……）总体上可以观察到，区域内的重心已经从威曼斯科伏特商业街转移到更具娱乐性的阿迈厄广场。”[3]

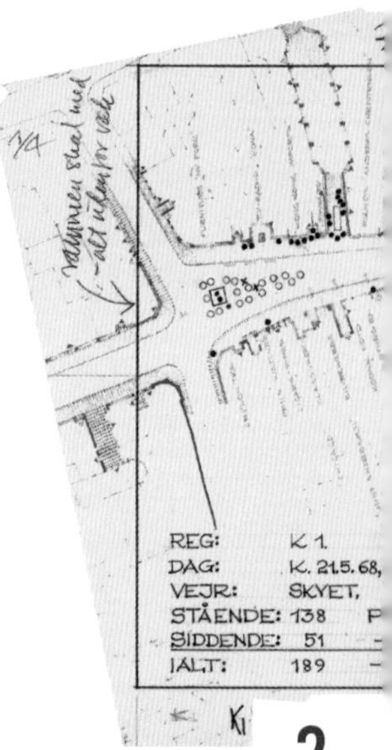

2.

SKYGGE
SOL
rammen skal med - alt udenfor væk
SCALE 1:500

SCALE 1:500

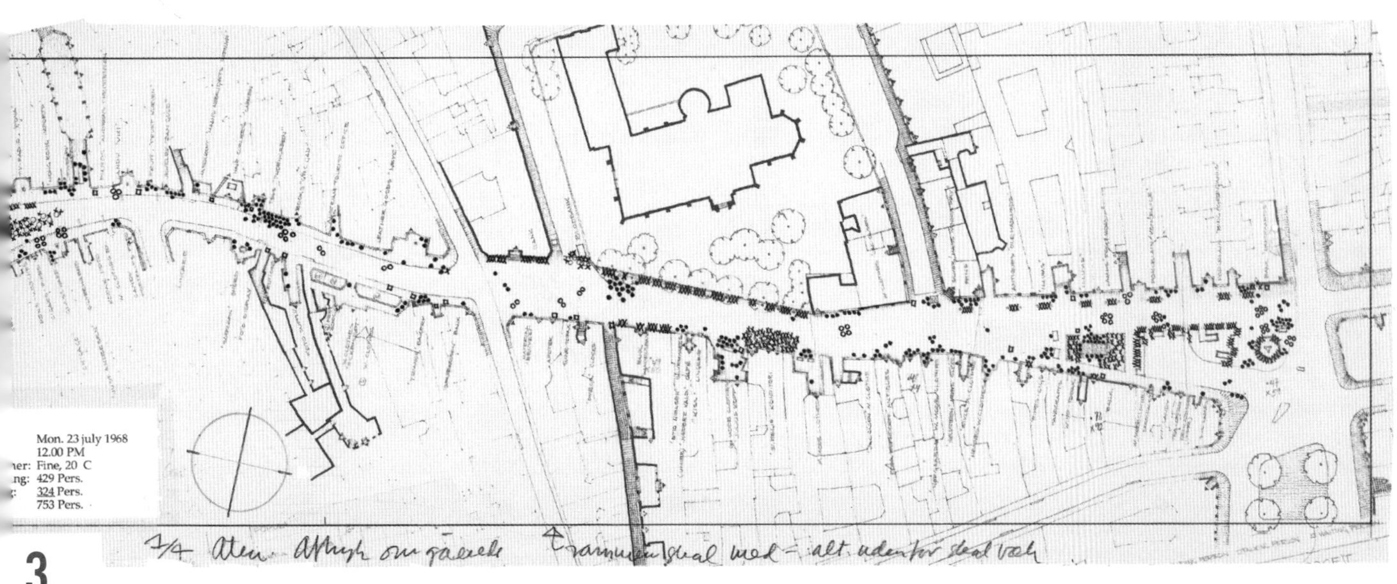
Mon. 23 july 1968
12.00 PM
her: Fine, 20 C
ng: 429 Pers.
: 324 Pers.
753 Pers.
1/4
rammen skal med - alt udenfor skal væk

3.

轨迹记录法

记录人们的活动轨迹不仅可以提供关于人的活动模式的基本知识，还可以提供人们在某一处特定场地的具体活动信息。此法的目的是能够获取信息，比如走路的节奏、方向的选择、人流方向、哪个入口最拥挤、哪个入口人流最少等。

轨迹记录法意味着在图纸上绘制出人们移动的轨迹。观察者的视野应确保可以看到选定空间中人们的所有移动方向，然后在图纸上绘出观察区域内某一特定的时间段内，如间隔10分钟或者半个小时内人们运动的线路。

此法绘制的轨迹不是很精确。因为有很多人同时在一个特定的空间内移动，要想绘制出代表意义的路径图就难以精确到每个人。因此，在调研时有必要将一个大的空间分割成小的单元。这样，此法就能在地图上清晰地绘制出主要人流轨迹和次要人流轨迹图，以及无人问津的区域。GPS工具可用作记录大尺度区域内人们移动的轨迹，比如在整个市中心区域或者是跨时间段的情形。

亨特曼斯特道
9月13日，周六，中午12点到下午3点。
行走的路径轨迹：中午12点、1点、2点、3点的步行模式。
NEDGANG
SKRALD

记录，手绘图：2008年盖尔建筑师事务所绘制于哥本哈根艾美丽花园（Emaljehaven）居住区庭院平面图上的运动轨迹。每根线条代表一个人在空间中的运动轨迹。每隔10分钟在描图纸上绘制线条，之后重叠多张描图纸进而得到一张整体的运动模式。

跟踪记录法

除了固定在一个地方记录人们的运动情形，观察者还可以跟随选定的人群以便记录下他们的活动轨迹，这里将其称之为跟踪记录法。这种方法用于测量人们的行走速度，以及记录人们去了什么地方、在什么时间和沿路上人们做了哪些活动。活动可能是停留性的或者更细微的动作，比如回头观望、突然停下脚步或者无目标闲逛等。这种方法还可用于地图上标记人们从家到学校、从学校返回家的路线，以便发现隐患从而使其路途更安全。

对人们行走速度的观测可以使用裸眼和秒表，通过跟随你要观测速度的人群即可实现。观察者必须与被观察者保持合理的距离，避免使自己观察的对象察觉到被人跟随。另一种观察人们步行速度的方法是站在窗口或马路对面进行瞭望。

如果研究目的是研究某一个人在一段时间内的运动轨迹，那么使用一个计步器就可以了。GPS 定位跟踪对测量人们在某一特定路径的移动速度也很有用。尾随跟踪的一种特例是，你所跟随的人知道或同意被跟随和被观察。GPS 记录仪可用作对被选定人的遥控跟踪。

2011年12月，在哥本哈根的主要步行街斯特勒格特（Strøget）的跟踪记录照片。[4] 观察者跟随随机选择的行人（每三人），使用秒表来记录被观察者步行100米所花费的时间。当被观察者越过了设定的100米线，秒表即停止。如果被测者没有沿着被测路线行进，则放弃对该被测者的跟踪观察。

探寻痕迹法

人们的活动情况也可以通过寻找痕迹的方式被间接地观察到。间接观察需要观察者具有如同侦探般的敏锐感知力，寻找人们活动的痕迹抑或在缺少足够信息的情况下。

公共生活研究的核心原则是经由第一手的观察和体验来验证城市公共空间的实际情况，然后去思考哪些因素是相互促进的，哪些则没有。从一个空间到另一个空间的测试体验是会有所不同。

探寻痕迹可以是观察人们留在雪地上的脚印，比如说当人们穿过某一广场时所形成的路径，就是对人们行走轨迹的验证。它也可以是人们在草坪和砾石上践踏出的小路，或是儿童掉落在地上的玩具（可作儿童游戏过的证据）。痕迹可以是前一天晚上活动后留在外面的桌子、椅子和花盆，这些物品表明该小区的居民一点也不担心将自己起居室的物品搬到公共空间之中，并将其放在外面过夜。当然，痕迹也能够显露出相反的情形：紧闭的百叶窗和光秃秃的门廊表明这一社区没有生活的迹象。痕迹还可能是人们在某一地方留下的东西或者在不经意间留下的东西，比如公园座椅上留下的滑板痕迹。

左：丹麦哥本哈根，市政广场，雪后留下的行走轨迹。

右：丹麦哥本哈根，丹麦皇家艺术学院的建筑学院。跟其他人一样，建筑系的学生也选择最直接的路线。

影像记录法

照片被频繁地用于公共生活研究领域之中，用以说明和记录场景中的情形。照片和影像可以描述场景，展现城市空间形态与生活之间互动的多寡。它们也可以用来记录空间改造前后的变化特征。

当用人眼观察和记录时，照片和影像则是辅助手段。二者也是用来定格空间情景的良好工具，为日后提供文档和分析依据。通过日后对照片或影像的研究，有可能发现事物间新的关联性，尤其在更为复杂的城市空间环境下，照片和影像会帮助研究者进一步挖掘细节，以弥补人眼在现场观察难以获得的完整信息。

照片往往更具说服力，并使枯燥的数据材料生动起来。在公共生活研究的领域，总体来说，照片中的公共生活场景并没有遵从建筑师内心通常所钟爱的审美原则，因为这里关注的焦点不是场地的设计，而是发生在公共生活与公共空间之间互动的情形。

在某些实际项目中，照片通常还被用于记录公共空间中的生活和环境。虽然使用照片可能有些老套，但是一张图片却胜过千字文，因为观察者能够辨别出图片中的人物，而这些可能常常会被人眼所忽略。

图像或影像变异包括由延时摄像或视频序列改变所引起，显示了随着时间推移场所中的情形，不管有观察者在场还是不在场。镜头的角度和焦距的设定可能会是导致照片或者录像中的信息与实地看到的场景有差异性的原因。

意大利罗马，纳沃纳广场：绝佳的观察地点，舒适的陪伴以及明确的研究目的。

日志记录法

在前面章节所描述的所有工具中仅仅提供一些公共生活与空间互动的随机性的样本。这些发生在身边的样本可能很少或者几乎难以提供全部细节。然而，细节却是我们理解公共生活作为结果与过程在公共空间中如何发展的重要补充。补充细节的一种方式就是坚持将每天观察到的内容以日志的形式记录下来。

注意细节和细微差别可以提高我们对每一个体项目所反映出来的对公共空间中人们行为的认知，以及增加我们对于发展这一研究领域的更多基础性的理解。这种方法常用作较大定量资料的定性补充，以更好地诠释和阐述“硬”数据。

坚持记日志是一种实时而系统关注式观察的方法，具有比定量“样本”式的研究更为深入的观察细节。观察者可以记录下视野所及的每一件事物。描述的内容可以进行一般性分类，例如站立或停留，或者以简要叙述的方式增进对在什么地方、为什么和日常生活是怎样演变一个非目的性事件过程的理解。这样的事例可能是某个人在一天中几次打理门前的草坪，或者是一位老妇人在星期天几次查看自家信箱。[6]

坚持记录这样的日志可用作辅助性的研究工具，增加对自己所见到的事实和特点说明和描述。

坚持记日志可以记录那些很难用传统方法记录的事件。这个例子展示的是在澳大利亚墨尔本居住区的道路开展研究的笔记。右边的是日志里关于墨尔本案例研究的某一页。[5]

横跨两页下方的图示描绘的是澳大利亚墨尔本普拉兰的约克街。左页描述了街道的物理结构——尺寸和形态。右侧描述了某个周日发生的活动。

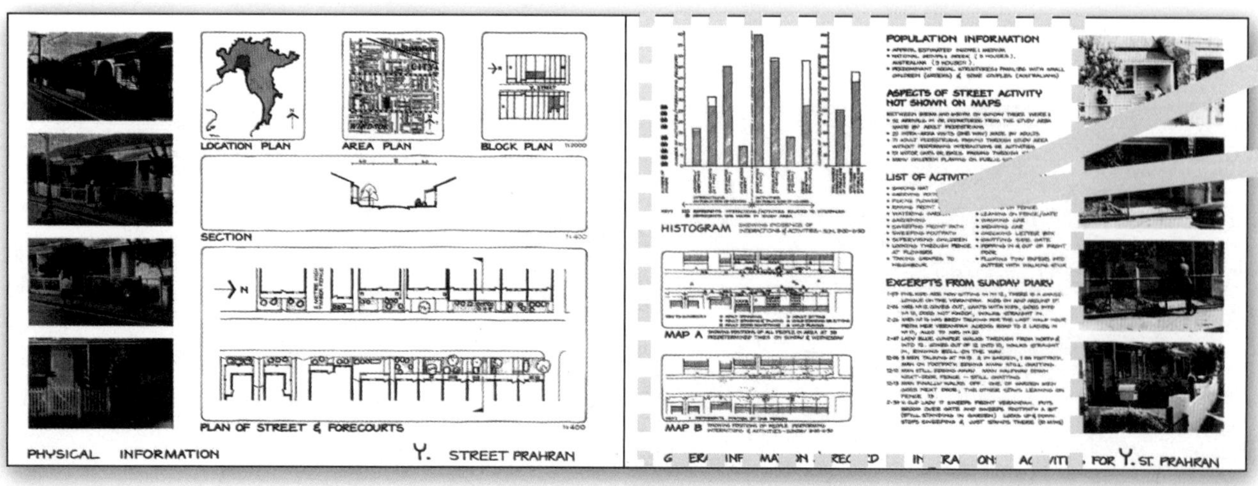

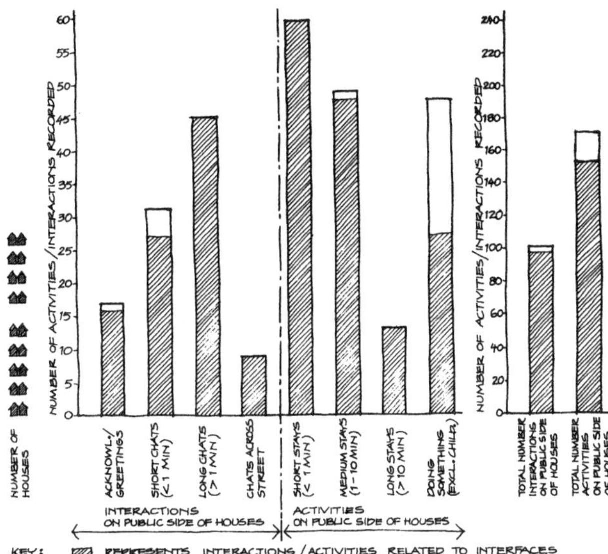

HISTOGRAM SHOWING INCIDENCE OF INTERACTIONS & ACTIVITIES - SUN. 8·00-6·30

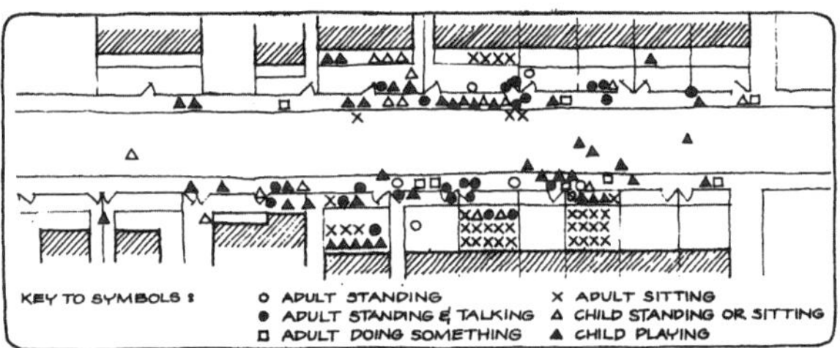

MAP A SHOWING POSITIONS OF ALL PEOPLE IN AREA AT 38 PREDETERMINED TIMES ON SUNDAY & WEDNESDAY

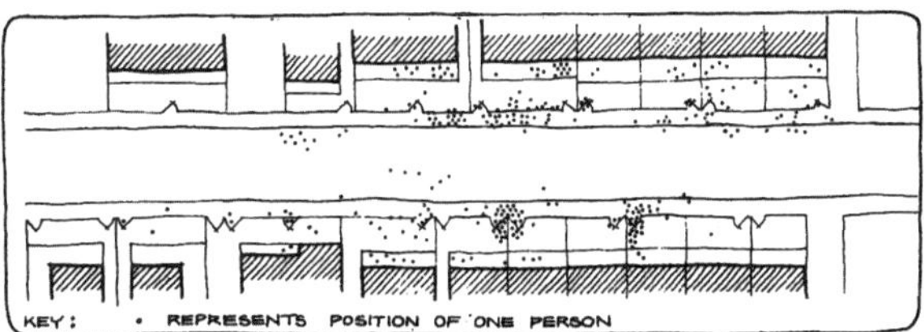

MAP B SHOWING POSITIONS OF PEOPLE PERFORMING INTERACTIONS & ACTIVITIES - SUNDAY 8·00-6·30

POPULATION INFORMATION

- APPROX. ESTIMATED INCOME: MEDIUM
- NATIONAL GROUPS: GREEK (9 HOUSES), AUSTRALIAN (9 HOUSES).
- PREDOMINANT SOCIAL STRUCTURES: FAMILIES WITH SMALL CHILDREN (GREEKS) & SOME COUPLES (AUSTRALIANS)

ASPECTS OF STREET ACTIVITY NOT SHOWN ON MAPS

BETWEEN 8·30AM AND 6·30PM ON SUNDAY THERE WERE:

- 92 ARRIVALS IN OR DEPARTURES FROM THE STUDY AREA MADE BY ADULT PEDESTRIANS
- 29 INTRA-AREA VISITS (ONE WAY) MADE BY ADULTS
- 71 ADULT PEDESTRIANS PASSING THROUGH STUDY AREA WITHOUT PERFORMING INTERACTIONS OR ACTIVITIES
- 191 MOTOR CARS OR BIKES PASSING THROUGH STUDY AREA
- MANY CHILDREN PLAYING ON PUBLIC SIDE OF HOUSES

LIST OF ACTIVITIES ON SUNDAY

- SHAKING MAT
- CARRYING POTPLANTS
- PICKING FLOWERS
- RAKING FRONT GRASS
- WATERING GARDEN
- GARDENING
- SWEEPING FRONT PATH
- SWEEPING FOOTPATH
- SUPERVISING CHILDREN
- LOOKING THROUGH FENCE AT FLOWERS
- TAKING GRAPES TO NEIGHBOUR
- WALKING DOGS
- SITTING ON VERANDAH SEATS
- SITTING IN GATEWAY
- SITTING ON FENCE
- LEANING ON FENCE/GATE
- WASHING CAR
- MENDING CAR
- CHECKING LETTER BOX
- SHUTTING SIDE GATE
- POPPING IN & OUT OF FRONT DOOR
- FLICKING TINY PAPERS INTO GUTTER WITH WALKING STICK

EXCERPTS FROM SUNDAY DIARY

1·59 FIVE KIDS ARE NOW SITTING IN Nº 12; THERE IS A CHAISE LONGUE ON THE VERANDAH. KIDS ON AND AROUND IT.

2·06 MRS Nº 12 COMES OUT, CHATS WITH KIDS, GOES INTO Nº 10, DOES NOT KNOCK, WALKS STRAIGHT IN.

2·26 MRS Nº 16 HAS BEEN TALKING FOR THE LAST HALF HOUR FROM HER VERANDAH ACROSS ROAD TO 2 LADIES IN Nº 13; ALSO TO MRS Nº 20

2·47 LADY BLUE JUMPER WALKS THROUGH FROM NORTH & INTO 12. COMES OUT OF 12 INTO 10, WALKS STRAIGHT IN, RINGING BELL ON THE WAY.

12·06 3 MEN TALKING AT Nº 13. 2 IN GARDEN, 1 ON FOOTPATH. MAN ON FOOTPATH EDGING AWAY STILL CHATTING.

12·10 MAN STILL EDGING AWAY. MAN HALFWAY DOWN NEXT-DOOR FENCE – STILL CHATTING

12·13 MAN FINALLY WALKS OFF. ONE OF GARDEN MEN GOES NEXT DOOR; THE OTHER STAYS LEANING ON FENCE 13.

2·34 V. OLD LADY 17 SWEEPS FRONT VERANDAH. PUTS BROOM OVER GATE AND SWEEPS FOOTPATH A BIT (STILL STANDING IN GARDEN) LOOKS UP & DOWN. STOPS SWEEPING & JUST STANDS THERE (10 MINS)

步行测试法

开展步行测试，需要观察者步行穿过事先选定的重要路径，记录途中等待的时间、可能中断行走的障碍物或者岔道口等情况。

通常，通过视线估计步行一段距离的时间和理论概念上从地点A到地点B需要的时间，以及实际步行这段距离所需时间，三者之间存在很大的差异。在实际步行有可能会因为遇到等候交通信号灯而慢下来，或者遇到其他不仅使人们慢下来，而且使人们产生沮丧和不悦的障碍物。测试性行走是发现这类问题的很好的一种方法。

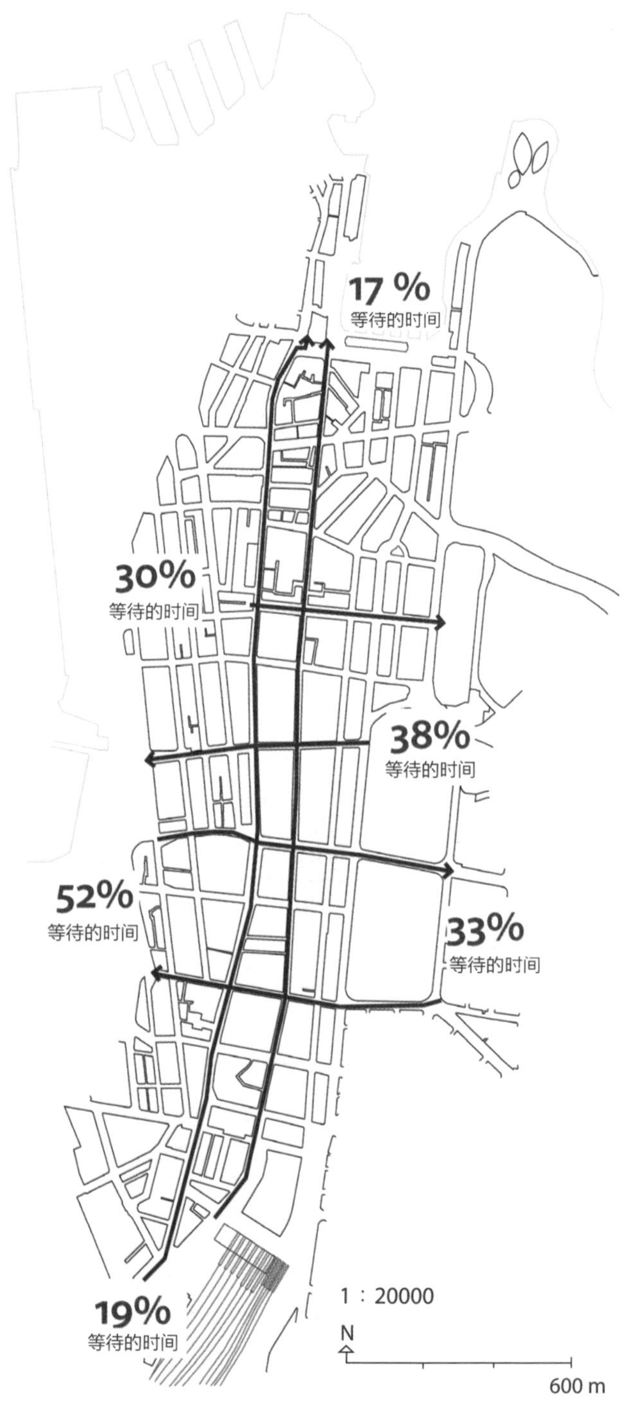

在澳大利亚珀斯和悉尼（分别于1994年和2007年）进行的公共生活研究中，步行测试法是作为一项重要组成部分来开展的。在两个城市中，行人花了相当多的时间来等待许多以汽车为优先的交通信号灯。[7] 步行测试法，被证明是一种为行人提供更好的交通环境的强有力的政治策略。

在悉尼的步行测试法证明，高达52%的总步行时间被用于等待交通信号灯。[8]

U.S.S.R.
W. EUROPE
CUBA
CHINA
SYRIA
AFGHANISTAN
THE GULF
THAILAND
VIETNAM
AFRICA

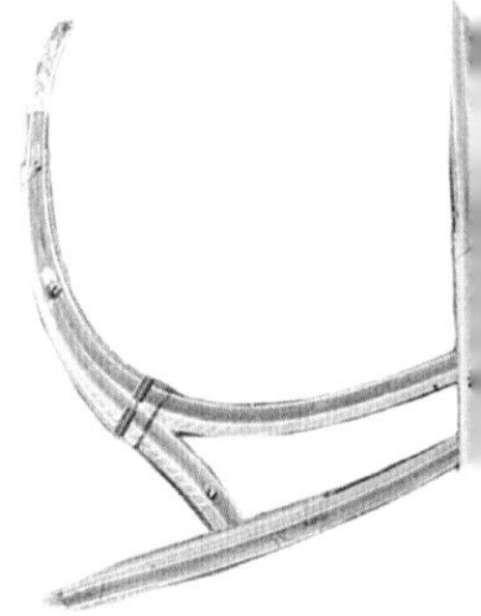

4 历史视角下的公共生活研究

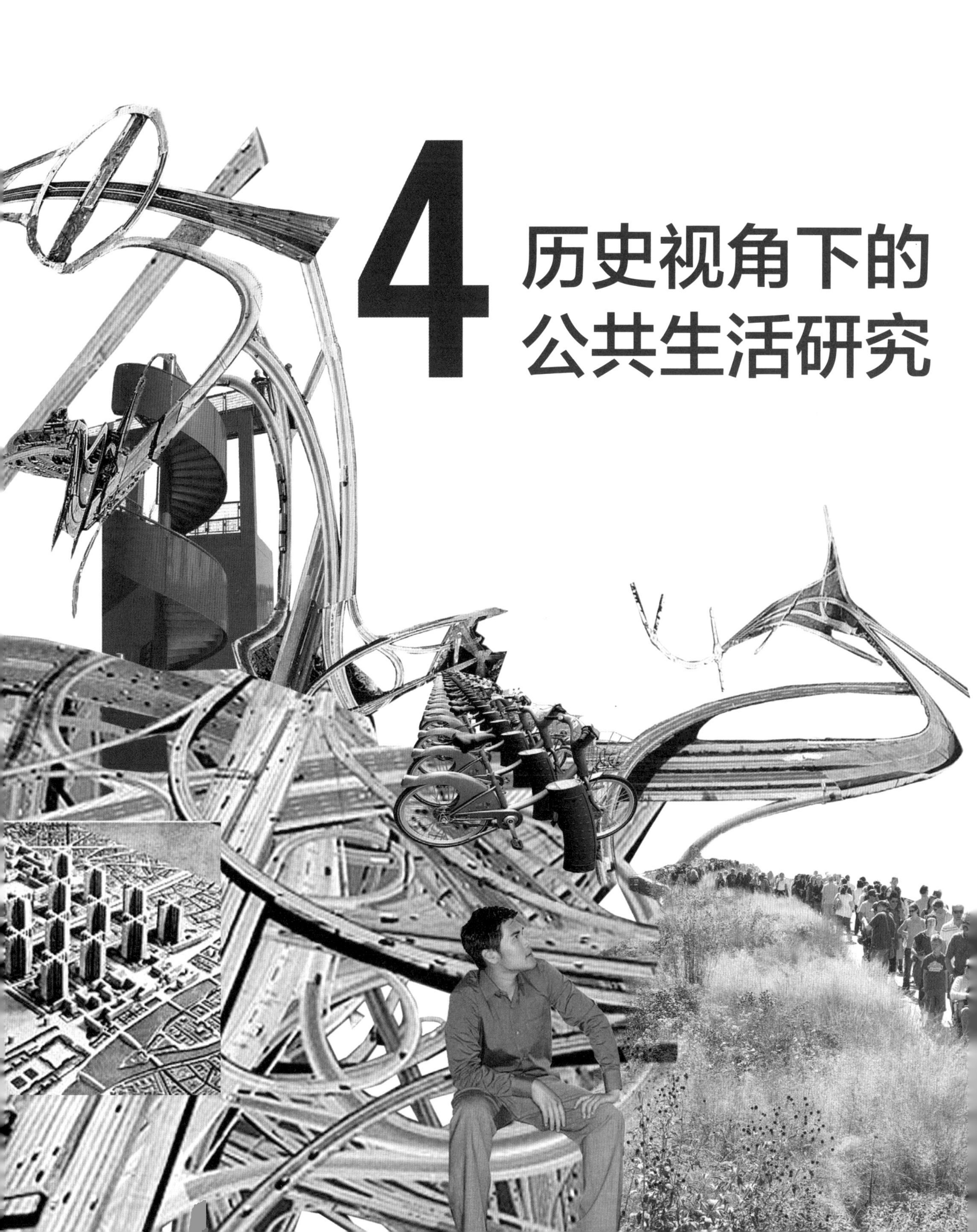

The Concise
TOWNSCAPE
Gordon Cullen
BLACK LION
FISH
TGC

本章为读者提供了特定社会和结构因素的历史文献综述，即在建筑和城市规划学科里作为一个独特研究领域而建立起来的公共生活研究。

公共生活研究领域发展的第一阶段始于19世纪50年代工业化兴起之初，并一直延续至经济高速增长和城市建设规模不断膨胀的1960年。第二阶段从20世纪60年代至20世纪80年代中期，这一时期为公共生活研究领域的诞生和学术氛围形成提供了环境。第三个阶段始于20世纪80年代中期，主要特征为规划师和政府官员出于在城市间竞争中能夺得头筹的目的，开始对公共生活研究产生兴趣。第四个阶段从2000年至今，在这一时期里人们对公共生活的关注越来越被视为理所当然。

1961年，戈登·库伦（1914—1994年）出版了《简明城镇景观设计》一书，该书成为城市设计领域最有影响的著作之一。[1]

我们选择库伦的书的封面作为本章的开端，是因为它总结了公共生活研究的历史。20世纪60年代初，几个具有不同学术背景、生活在世界不同地方的研究者振臂高呼：现代城市规划有些方面是错误的。当然，城市拥有了更多的光线和空气，但是公共生活却已经消失了。在《简明城镇景观设计》这本书的封面上，戈登·库伦描绘了多层面城市的梦想，这一梦想受到传统城市建设思维的启发。

从传统的城市建设到理性的城市规划（1850—1960年）

工业化最早始于19世纪中叶，大量人口从乡村涌入城市，城市原本清晰的边界逐渐变得模糊。稳定增长的新城市居民人口使老城面临满足不了工业社会要求的压力。为了缓解这种压力，那些新型的建筑材料和高效的建造方法，以及可以快速建造更大更高建筑的更专业化的建造过程，使低矮而密集型的传统老城市面临着巨大的挑战。

早在文艺复兴时期的重压之下，传统中世纪城市蜿蜒有致的街道便出现了对直线和对称形式的偏好。但一直到20世纪现代主义时期，当小汽车成为城市主要交通工具时，基于街道和广场所形成的传统城市的空间结构被打破了。

卡米洛·西特：重新诠释传统城市

伴随19世纪工业化的脚步，人口从乡村向城市的涌入加速了城市化进程。持续增长的城市人口成为城市的沉重负担，由于无力为新涌入的人口提供吃住条件，导致了贫民窟的出现。因此，为了应对人口增加带来的困扰，更为系统的规划应运而生。[2]

在20世纪初，应对城市人口过度饱和的问题，有两种基本的应对模式。第一种模式，也是20世纪20年代盛行的城市规划模式，即参照传统城市设计中经典的城市形态和建造类型来规划城市。这种做法的例证就是阿姆斯特丹学派和荷兰建筑师亨德里克·贝尔拉格的规划与设计作品。第二种模式是现代主义与以往建筑传统的彻底决裂，经历了两次世界大战之间的温和过渡期，这种分歧在20世纪60年代后便愈演愈烈。

在公共生活研究成为一项专业领域之前

卡米洛·西特《依据艺术原则建设城市》（1889年）

埃比尼泽·霍华德《明日的田园城市》（1902年）

勒·柯布西耶《走向新建筑》（1923年）

国际现代建筑师协会《雅典宪章》（1933年）

从历史角度看公共生活研究

这里用选定的出版刊物来说明公共生活研究的历史。上面的时间轴列出了开创性的出版刊物。开始于1889年，卡米洛·西特的书从一个直观的和审美的角度来描述城市建设的艺术。1923年，勒·柯布西耶从强调功能性出发发表了城市的现代主义宣言。在这两个极端之间，1902年埃比尼泽·霍华德发表了《明日的田园城市》。1933年雅典宪章的签订确立了现代主义在20世纪规划和建筑领域的主导地位。

1966年，阿尔多·罗西强调传统城市品质的再发现，然而文丘里的《向拉斯韦加斯学习》（1972年）却把日常公共生活提上议程。连同库哈斯的早期图书《S，M，L，XL》的出版，标志着现代主义对城市规模的再解读，并使有关城市发展方面的书籍有了新的聚焦的兴趣方向。

理查德·佛罗里达强调城市的地位为创造力提供了框架。他的书的《创意阶层的崛起》（2002年）在城市的普及，标志着城市之间的竞争越来越激烈，并通过不同的尝试对城市进行排名。在2007年，城市居民的数量超过了居住在乡村的人口数量。递增的城市化也成了伦敦经济学院的所汇编的“城市时代”项目之一的主题，即“无止境的城市”。

最上面一排的所列的著作诠释了城市规划领域的定位，其中也包括了关于公共生活领域的研究。灵感的时间线上所列举的著作之间内容都与之密切相关，但不直接作为公共生活研究的领域一部分。他们对该领域发展灵感来源的形成具有直接的影响：人类学家爱德华·T·霍尔、社会学家欧文·戈夫曼、环境心理学家罗伯特·萨默和建筑师凯文·林奇、戈登·库伦和奥斯卡·纽曼。跨学科方法的研究对公共生活研究领域的发展起到了特殊的作用。在20世纪90年代初，索金的《主题公园的嬗变》指出了具有公共空间作为一个民主社会重要的组成部分，正在被私有化。20世纪90年代末，在巴塞罗那的一个展览展示了一个城市是如何被重新征服的，该展览重新唤起了人们对公共空间的兴趣和关注。向简·雅各布斯的致敬，《我们所见之事》（2010年）一书，展示了人们对简·雅各布斯和公共生活研究所持续保持的兴趣，一系列关于公共空间和公共生活研究的书籍的出版要归功于多学科的交叉性。

最底下一行列举了公共生活研究领域最重要的著作。本章将对这些著作有进一步的细节介绍。

早期公共生活研究

公共生活研究作为策略性工作

公共生活研究成为主流

1960年 1970年 1980年 1990年 2000年 2010年

简·雅各布斯《美国大城市的死与生》(1961年)

阿尔多·罗西《城市建筑学》(1966年)

罗伯特·文丘里，S·艾泽努尔，D·S·布朗《向拉斯韦加斯学习》(1972年)

雷姆·库哈斯，布鲁斯·毛《S, M, L, XL》(1995年)

理查德·佛罗里达《创意阶层的崛起》(2002年)

R·伯德特，D·苏吉奇《无止境的城市》(2008年)

·H·怀特 市爆炸》 8年)

凯文·林奇《城市意象》(1960年)

戈登·库伦《简明城镇景观设计》(1961年)

爱德华·T·霍尔《无声的语言》(1959年)

奥斯卡·纽曼《防卫性空间》(1972年)

迈克尔·索金《主题公园的嬗变》(1992年)

《巴塞罗那：被夺回的城市》(1999年展览)

S·戈德史密斯，L·伊丽莎白，A·戈德巴德《我们所见之事：推进简·雅各布斯的观察》(2010年)

E·戈夫曼《公共场所行为》(1963年)

爱德华·T·霍尔《隐藏的维度》(1966年)

罗伯特·萨默《个人空间》(1969年)

生活研究

简·雅各布斯《美国大城市的死与生》(1961年)

扬·盖尔《交往与空间》(1971年)

威廉·H·怀特《城市小空间中的公共生活》(1980年)

克莱尔·库珀·马库斯，卡罗琳·弗朗西斯《人性场所》(1990年)

彼得·博塞尔曼《再现场所》(1998年)

《城市演变》(2008年)

克里斯托弗·亚历山大，S·石川佳纯，M·西尔弗斯坦《建筑模式语言》(1977年)

唐纳德·阿普尔亚德《宜居街道》(1981年)

艾伦·雅各布斯《观看城市》(1985年)

艾伦·雅各布斯《伟大的街道》(1995年)

公共空间项目《如何改变场所》(2000年)

扬·盖尔《人性化的城市》(2010年)

奥地利历史学家和建筑师卡米洛·西特（Camillo Sitte）对传统城市品质重新解读。1889年，他所著的《依据艺术原则建设城市》(StädtebaunachseinenkünstlerischenGrundsätzen)[3]一书并不是对某一单体建筑审美或者是通常那种专注于建筑风格的艺术评论，而是将建造城市艺术视为一件建筑与公共空间互动的艺术作品。

西特没有开展类似于公共生活的研究，但他却对其所生活的那个时代的理性城市规划中过于僵化的问题进行了严厉批判，尤其是与中世纪城市复杂而多样表现相比，他强调与其专注于直线和技术手段，不如更多考虑为市民营造空间，他将传统的中世纪城市所具有的品质视为典范。

勒·柯布西耶：与传统城市决裂

与西特的主张相左，勒·柯布西耶（Le Corbusier）不但没有把中世纪城市的品质视为一种解决方案，反倒视其为一种城市发展中存在的问题。他认为应该打破高度密集型的传统城市模式，取而代之的是一个经过规划的、功能完备的城市，能够为20世纪人们的生活匹配的物质空间环境，并为私家汽车和其他现代生活提供足够的空间。[4]

对西特而言，传统的密集型城市对创造舒适的现代生活并不是一种阻碍，他没有要求人们回到过去的生活方式之中，而是认为人们还是可以在这种传统城市的物质空间环境中居住和生活得十分惬意。

然而，随着勒·柯布西耶站到了现代主义运动的前沿，现代主义者想为人们创造更好的城市生活环境，其方案摈弃旧有的城市模式，脱离了常见的路网错综、人口过密、疾病肆意传播的传统城市模式，为开放式的城市结构制订了一系列宏伟的规划。

1923年，勒·柯布西耶出版了名为《走向新建筑》(Towards a New Architecture）的文集，他在这本书中强调理性主义的现代建筑风格和功能性城市的特征，即其应该具有笔直的街道、摩天大楼、高速公路和大规模的绿地空间。1933 年，勒·柯布西耶的很多观点被收录到国际建筑师协会（Congrès International d'Architecture Moderne，缩写CIAM）在雅典起草的《雅典宪章》(Athens Charter）——现代主义城市规划宣言之中。[5]

现代主义与传统的高密度城市模式彻底决裂成为20世纪中期的主导思想，这种思想更多地关注城市的快速发展，以及帮助城市得以健康、安全、有效的方式发挥其功能。工业化对效率的关注，导致对城市的建筑设计更为理性和专业化。

尽管人类的愿景着眼于人们的生活，尽管其口号为“形式服从功能”，但是大多数现代主义风格的项目对形式的关注还是远远超出了对人们公共生活的关注。

更多空间和更多小汽车争夺的城市生活

20世纪初，由于人口的膨胀导致城市到处都是破败的房屋、臭烘烘的小巷和数量不足的卫生设施，后者又成为病菌滋生的温床，使肺结核、白喉以及霍乱等疾病在城市中传播和蔓延。这样的背景之下，人们对现代住宅的争议更多地聚焦在房屋的卫生条件和健康等议题上。

现代医学的突破，比如青霉素的发明，加上人们的巨大努力使城市和房屋的健康标准得以提高，细菌性疾病的传播在20世纪中叶得到了有效抑制。

工业化进程和经济的增长，许多雄心勃勃的计划在运用预制件后使建造独户住宅和公寓住宅两个方面得以实现。虽然每个单元的居住人数在逐年下降，但是住宅建筑的规模却在不断扩大。建筑物室内与室外有了更多的阳光和空气，散布在建筑物间的绿地如城市绿洲一般被建立起来。随着越来越多的公共空间被创建出来，对创造充满活力的城市公共生活也带来了挑战。

再加上经济条件的改善，人们可以实现购买自己房产的梦想，对阳光、新鲜空气和新式现代住宅的渴望替代了居住在市中心的密集老式风情的公寓和租赁住宅中，这使得大量人口纷纷离开市中心的老城区并逐渐向郊区迁移。当城市大面积蔓延到郊区时，老城区因人口稀少而活力锐减。

虽然在今天看来有一幅景象是难以想象的——在100年前的街道上几乎看不到汽车的影子。在20世纪的历史长河里，尤其是从1950年开始，汽车成为人们日常生活和街景中不可或缺的一部分。经济的快速增长和新式而高效且产品价格低廉的生产方式使越来越多的人能够买得起私家汽车。私家汽车侵占城市空间与达到步行友好型城市的标准是背道而驰的。

20世纪中叶，经济的快速发展驱动着城市的快速增长和机动车交通的蔓延，传统的中世纪城市密集型结构被彻底转变。城市朝着低密度的建筑布局发展，为住宅、工作场所和娱乐设施提供了更为开放和开阔的空间，为小汽车交通提供了足够的便捷性。至此，城市开始超越原有老城的边界向新的郊区扩张。

许多新城区在20世纪中期被建造起来，但是城市公共生活并没有跟上城市发展的步伐。尽管空间与城市生活在人类聚居历史中起到过突出的作用，但很明显的是，自20世纪60年代以

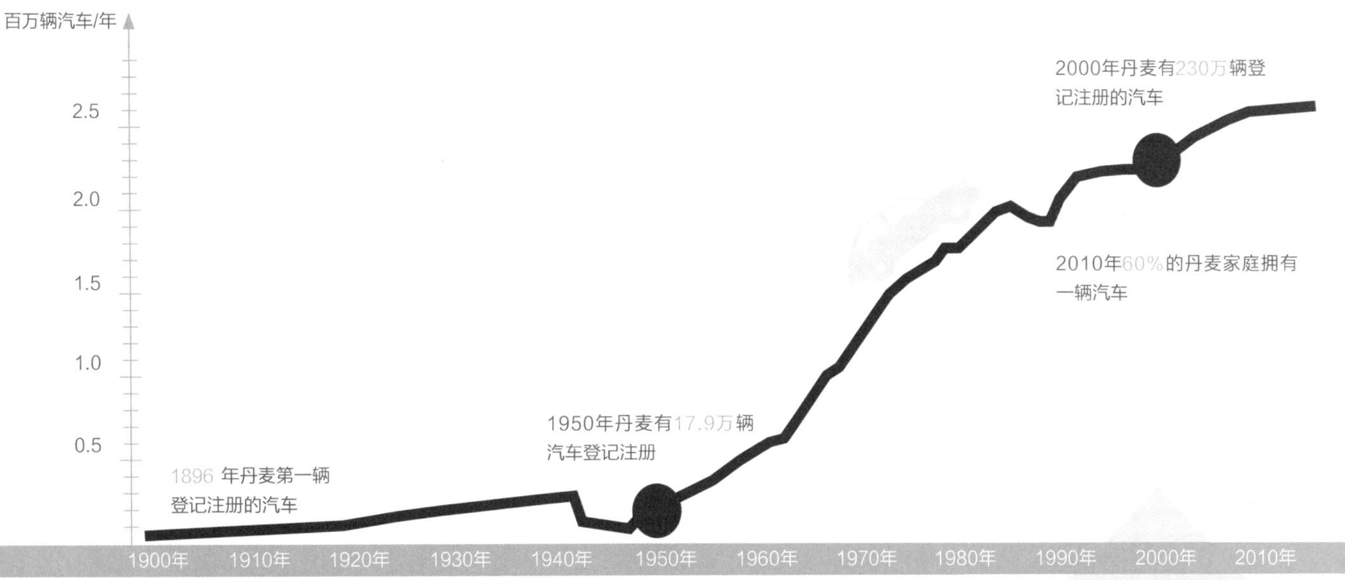

20世纪，汽车入侵城市。丹麦在1896年，登记注册了第一辆汽车，接着到了2010年，60%的丹麦家庭都拥有一辆小汽车。[6] 机动车的涌入导致了公共空间中，移动和停放的汽车、行人以及骑自行车的人之间的路权冲突。交通规划者对城市的影响随着汽车对交通的主导而增加。尽管所有城市都有交通部，却很少有一个专门的部门来负责保障行人和公共生活的状况。

公共生活面临的挑战并不仅仅是汽车数量的增长。在同一时期，由于单位居住面积内的人数下降，导致城市密度降低，人们拥有更多的个人空间。这是创造有活力的城市空间所遇到的另一个挑战。[7]

焦点逐渐从5km/h（3 mph）的建筑转变为60km/h（36 mph）的建筑, 公共空间的尺度被惊人地放大，关于良好的人性化尺度的传统知识已丧失并被遗忘。

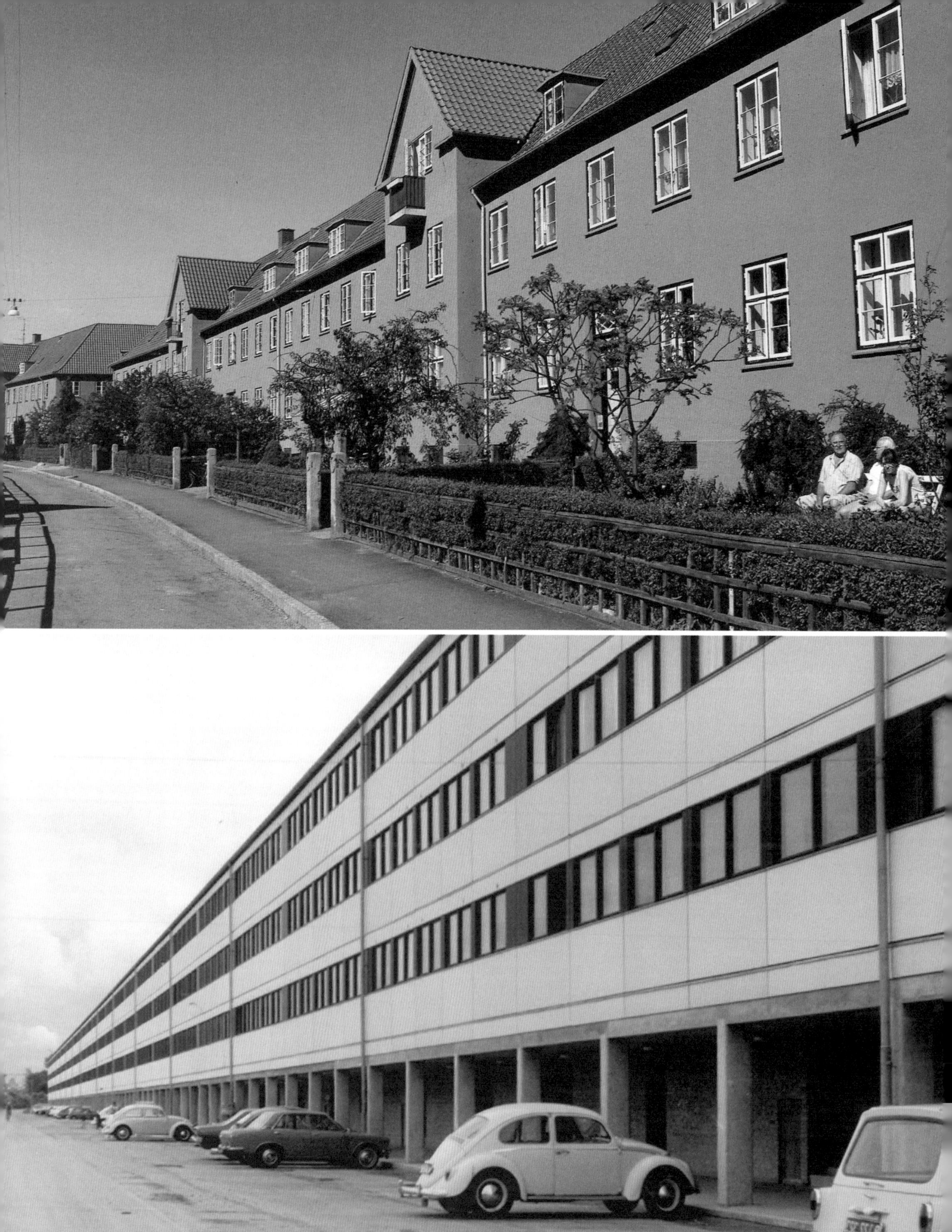

20世纪以来获得采光和空气的两种不同住宅规划方案：

左上：丹麦腓特烈斯贝，南于陵兰岛社区（Den Sønderjyske By），建于1921年，受到英式田园运动的影响。

左下：丹麦韦勒瑟，长楼（Langhuset），建于20世纪60年代。丹麦最长的建筑，受到现代主义原则的影响。

来，公共空间与公共生活不再是一种自然常态，因为其受到一些诸如人口密度、物质空间结构等因素的严重影响。或许这种互动关系的存在被视为理所当然，因为就在几十年前事情也是这样存在和发展的。

始于20世纪60年代，公共生活及其与公共空间之间的互动被视为一个需要详细研究的领域。随着研究所需的相关知识的汇集，以及研究公共生活与公共空间之间关系方法的探索与建立，公共生活研究开始作为一个专业领域被建立起来。

从传统的工匠艺术到理性机械化的职业

在以往的世纪里，城市都是通过工匠的传统手艺建立起来的。城市空间或多或少都是遵从人们的直觉，根据需要不断调整，一步一步设计出来。然而，工业化的大批量生产使得基于人类体验而生的传统工艺黯然失色。

而与日俱增的专业化和合理化逐渐弱化了公共空间和公共生活的联系。没有人为城市建筑之间公共空间的好坏买单，传统的有关公共空间与生活互动的认知在这一快速转变的过程中逐渐消失。这并不意味着20世纪的规划师和建筑师对公共生活漠不关心。在20世纪前叶与中叶，人们已经十分重视改善自身的居住条件，通常新城区的形态意在解决住房问题，以便在城市快速蔓延的背景下，为没有获得良好居住条件的市民解决住房问题。然而，在这些抽象的、大尺度的项目中，把人们的公共生活规划在视线所及范围内是有一定的难度的。

工业化对专业化有了更高的需求，这使得城市发展所涉及的各个方面在不同领域和专业之间被细化。规划师和工程师负责处理大尺度的基础设施及其功能，聚焦于他们各自领域的专业问题，比如交通、水和污水系统。中观尺度的责任落到了建筑师的肩上，负责场地规划和建筑设计。对工程师来说，他们负责建造。微观尺度则由风景园林师承担，他们通常专注于设计，园林要素的应用以及满足休闲娱乐的场地功能。

在这一专业化过程中丢失的是人们对建筑之间空间的关注，这些空间没有被清晰地界定为公园、娱乐场地、游戏场地或其他类似的地方。为了弥补这一空白，1860年左右风景园林学获得了具有独立研究领域的地位，接着大约在一个世纪之后，城市设计被视为治疗公共空间缺乏关注的一服良药。建筑师的职业变得缺少了技艺性而增多了艺术性。建筑师像艺术家一样建造富有个性的和概念性的作品。一些建筑师设计的高楼大厦独立于场地，可以通过其设计的鲜明特征而被识别出来。

总体而言，建造城市的这项工作就这样从传统工匠的手中移交到了经过专业化训练的职业人士的手中。为了确保最佳的交通流量，专家们会通过统计街道上汽车的数量来进行调整，而步行者和骑自行车者的出行情况却在大多数城市的统计数据中找不到。现代主义对创新的强调意味着对传统公共空间形式的叛离。

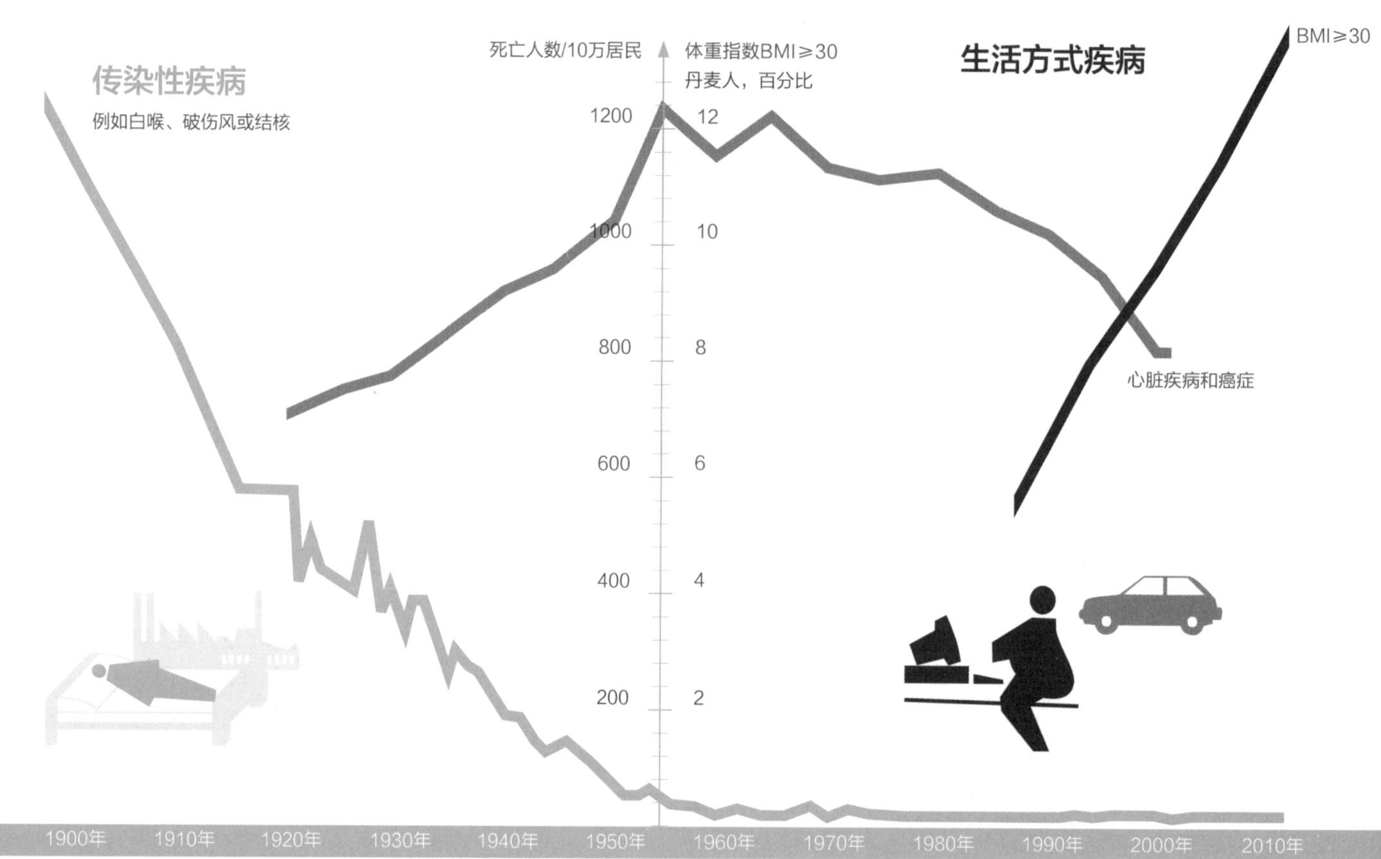

整个20世纪，建筑师和规划师提出了城市建筑方案，以帮助应对社会公共健康所带来的挑战。20世纪初，在拥有阳光和新鲜空气的绿地中建造房子，有助于降低在这密集且过时的城市中传染性疾病传播的严重程度。20世纪中期，传染性疾病在丹麦基本上被消除，生活方式疾病的数量就开始增加。[8] 简单地说，生活方式疾病的解决方法之一，就是混合城市用地功能，这样人们就可以每天以步行或骑自行车来代替开车。

从前的街道被机动车、步行者和自行车共同使用，后来“拉德本原则”（Radburn Principle）将各种交通方式分开，为自行车、步行者及机动分别设置各自的通道——不是以并排的方式而是彼此独立。的确，在现代化背景之下，对机动车侵占大量城市空间的解决方案是将各种形式的交通方式分开，以增加路面承载量和保证步行者的安全。[9]

这些改变意味着承载社会性城市功能的传统公共空间，被建筑之间大面积的开放性绿地所取代。

总的来讲，现代城市规划并没有对建筑物之间空间的相互联系予以关注。日益增长的专业化将建筑之间的空间与人们对公共空间和公共生活的感知分离了开来，对人们使用空间的感知的尊重被迅速淡化。但是，自1960年之后，一些研究人员和记者们又开始关注公共生活，及其与公共空间之间的互动关系。

大声疾呼之下——公共生活研究领域的最初的建立（1960—1985年）

虽然在两次世界大战之间，现代主义运动以一种来势汹汹的态势传播和蔓延，但由于这期间城市建设工作量并不大，因此这种范式并没有产生较大的影响。然而，其关于光照、空气和独立式住宅建筑的设想却被运用到大尺度的项目之中。建筑意味着为大量增长的城市人口提供容身之所，消除后续的住房短缺以及提供建房的先进技术。尽管初衷是好的，但行现代主义之名所实施的规划项目却很快遭到了批判，即建成的建筑缺乏人性化的尺度，也丧失了老城区所具有的环境品质，并随着时间的推移被一层层积累起来。公共生活被设计安排在城市的外围，一批像简·雅各布斯、扬·盖尔、克里斯托弗·亚历山大及威廉·H·怀特等人开始探寻怎样才能将公共生活再次回归到城市中来。他们的结论皆认为公共生活在城市规划过程中已经被遗忘，人们必须重新将公共生活纳入规划的思考范围之内。

世界各地由记者和研究者所组成的先驱们开始各自独立地在自己的城市中研究公共生活，探索研究公共空间与公共生活互动关系的调查研究方法。这项研究方法的发展始于20世纪60年代初，起初兴起于大学里，因为当时的城市规划者和城市的管理者们都还没有意识到是时候采取一些措施来关注城市公共生活了。

马歇尔援助计划和石油危机

对许多欧洲国家而言，马歇尔援助计划（Marshall Aid）是第二次世界大战之后促使其经济增长的重要条件。经历战争和经济大萧条之后，尤其在郊区有大量的需要重建的工作。然而，1973年秋天，石油危机使西方的经济瘫痪，它像阻尼器一样使史无前例的大规模城市建设戛然而止。

石油危机使人们陡然意识到有效利用资源的重要性。致使20世纪60年代开始，人们的环境意识得到提升，使人们的注意力开始关注粉尘、噪声和其他刺激物的污染，这些污染陷城市于非健康状态或者毫无吸引力。虽然大约自1900年开始，英国田园城市运动已经关注城市中潜在的物质环境和心理方面的危机，但是直到20世纪中期，人们开始越来越强烈地要求为解决资源问题采取行动。[10] 污染问题的扩大源于人们对能源消耗的增长，这导致了更多的污染排放问题，以及由生产新型产品而导致的对环境的负面影响，加之小汽车的不断增加，这一切叠加起来就导致了日益严重的噪声和大气污染。

健康和社会议题

20世纪60年代，肆意蔓延的建造活动将城市的公共健康问题推向了必须要解决的临界点：超人口负荷的城市成了细菌滋生地，导致了比如肺结核、白喉、霍乱等疾病。到了20世纪60年代青霉素的研制和广泛使用降低了细菌性疾病的发病率，但几乎在这同一时间伴随着与现代生活方式相关的新型疾病的增加。比如，伏案工作、令人精神紧张的工作环境、驾车出行以及对各种日益丰富和唾手可得的新型食品的尝试导致的与生活方式相关的疾病，如精神压力、糖尿病和心脏疾病等，这些影响了20世纪下半叶越来越多的人。这也决定了研究工作如何进行和向何处进行等问题。或许更为关键的是，为什么我们不以人们的日常生活为研究的方向呢！

总的来说，社会和心理维度是公共生活研究的重要方面。它不是关于心理学、社会学或者甚至是人类学的研究，但公共生活研究的确包含从某种角度去探究这些领域。20世纪六七十年代，城市规划和公共生活研究中的心理维度与社会维度也是对新住宅区中被描述为“体验贫乏”（the poverty of experience）问题的一种回应。[11]

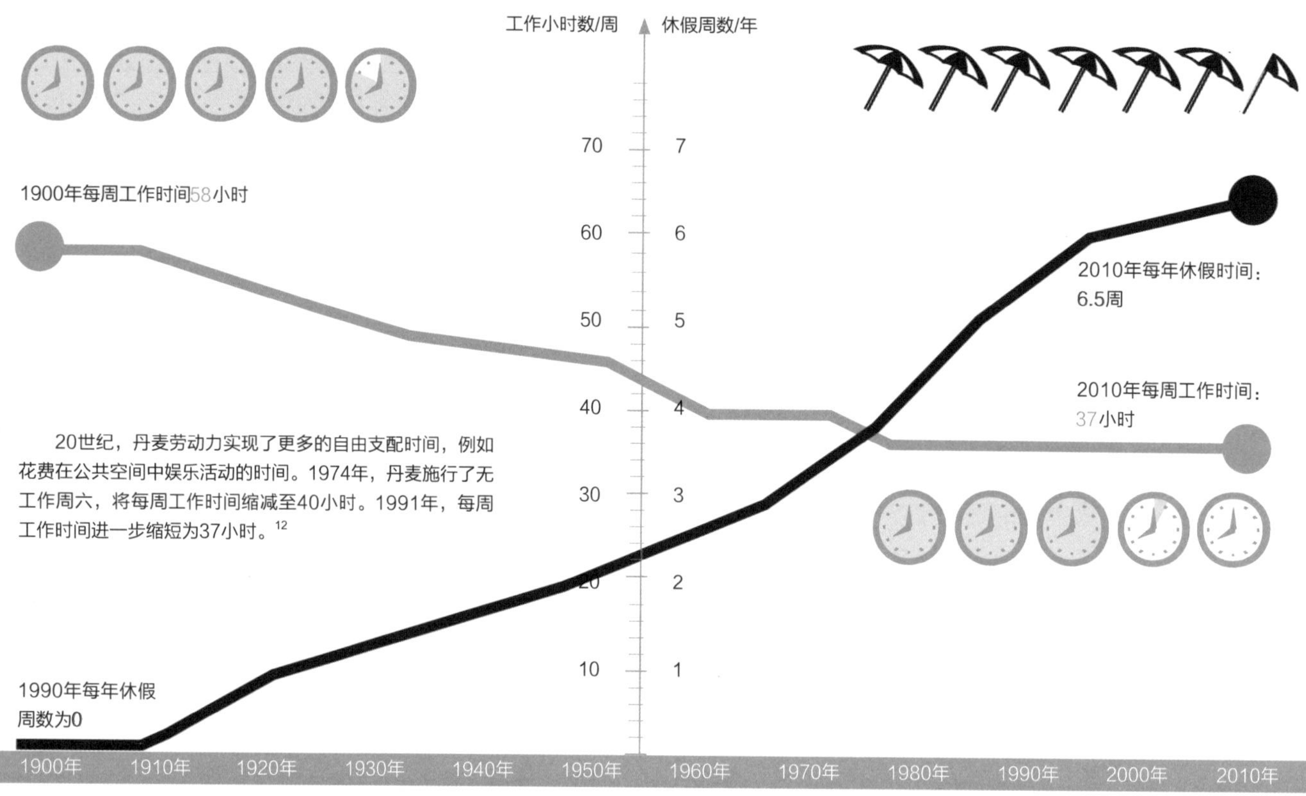

郊区的休闲社会

从20世纪50年代开始，周工作时间被大幅压缩，假期的天数也开始增多。随之，“休闲型社会”（the leisure society）的概念在60年代开始出现，并成为七八十年代最热门的争论话题。自由支配时间的增多意味着人们有更多的时间在公共空间里参与社交和休闲性活动。

从城市到郊区的人口迁移成就了新的零售业模式。汽车文化和城市向郊区的蔓延了促使购物中心从市中心迁移到了郊区。大量存留在城市小区里的零售业迁入到大型超市和百货商店里，原来沿街林立的小商店被逐渐取代。

为革命活动提供场地的公共空间

20世纪六七十年代，政府机构面临来自许多层面的挑战。当人们质疑大学对学科的严格划分时，市民团体则日益活跃地反对城市的再开发规划。对公共空间的声讨运动是与年轻人的革命、反战示威运动、反对核电站、争取妇女权利运动等其他事件联系一起的。这些对政府的抗议活动往往发生在公共空间里，也被在那里平息。比如，1968年捷克斯洛伐克“布拉格之春”事件；1961年柏林墙的建立，是一种对许多德国人的日常生活具有强烈影响的政治宣言，也对世界许多其他地方具有象征意义。直到现在，公共空间依然具有其重要的政治指向性：

即抗议示威运动在公共空间中发生并上演。

还是在20世纪六七十年代，受教育机会的增加和争取性别平等的运动，使越来越多的妇女进入工作场所，越来越多的儿童被送到托儿所。这一变化极大地决定了特别是妇女和儿童在居住区内开展公共活动的时间和内容。许多住在郊区社区中的市民发现，他们自己的生活空间除了独户式的住宅功能，大型街区内鲜有其他功能。白天大部分住在这些新社区中的居民要去工作、上学或者上托儿所，夜幕降临时才返回，这就导致了“睡城”一词的出现。

重视人性化以及为居住在大型新建综合社区中的居民呼吁的声音，是为获得城市权利而对政府提出的宣判。在建筑和规划领域内，这一声讨运动使人们更加关注使用者的感受。

1981年丹麦哥本哈根自行车游行。之后，哥本哈根由于其众多的自行车通勤者而国际闻名。2010年，几乎2/5的通勤者每天骑自行车上班或上学，与20世纪七八十年代的数字相距甚远。[13] 自行车通勤者的比例很高，是因为公共压力以及紧随其后的主要市政运动和与之密切配合的自行车基础设施方面的投资。

2001年9月2日，简·雅各布斯在位于多伦多奥尔巴尼大道的家中的门廊处（摄影：扬·盖尔）。

《美国大城市的死与生》（1961年）

简·雅各布斯于1961年出版的著作：《美国大城市的死与生》是她的主要作品，并且已经成为城市规划领域的经典之作。雅各布斯讲述了她在所住的地区观察到的——纽约市格林尼治村的街道，以及建立一个活泼的、安全的和多层面的邻里所需要的元素。这本书对规划者、政治家和一般民众敲响了警钟，传达了这样的信息：现代城市规划的某些模式是错误的。这本书的第一句写道："这本书是对当前城市规划与重建的抨击。"[14]

为了避免公共生活被高速公路、大型建筑单元和功能分区的城市发展模式所遏制，我们必须学习现存城市的运营管理方式。雅各布斯创立了一种基础的思想，这种思想结合了她对小镇的观察并且是学习公共空间和建筑与公共生活之间相互关系的关键贡献。她为同行留下了继续发展这项工具的基础知识。

雅各布斯的导师威廉·H·怀特写道："关于城市的最杰出的著作之一……一部重要的著作。研究框架并非自命不凡矫饰做作——而是通过眼睛和心灵——但却给了我们一个关于是什么赋予城市生命和精神的了不起的研究。"[15]

公共生活研究：纽约、伯克利、哥本哈根

当建筑师和城市规划师们在遵循由勒·柯布西耶提出的现代主义理念而从事规划和设计时，那些传统的对城镇建筑的关注依然在影响着建筑的设计与建造，以及相关著作。一个典型的例子是遵循西特主张的城镇景观运动，对许多新现代主义城区存在的荒凉和缺少人性化等方面进行了批判。[16]

反现代主义运动始于20世纪80年代，在众多反对者中，阿尔多·罗西（Aldo Rossi）及R&L·克里尔兄弟（brothers Rob and Leon Krier）以“欧洲城市复兴”为旗帜，将关注点转向传统型的城市。[17] 然而，这一运动基本上是围绕建筑和设计的类型而展开的。在20世纪，处于主导地位的思想，包括现代主义，以及后来延续的后现代主义或者新理性主义，都没有给予公共生活以太多的关注。

特别是新的建筑设计对公共生活的忽视引发了越来越多抱怨的声音，并引起争论和研究。20世纪60年代，公共生活研究综合了多学科的知识，逐渐作为一个跨学科的领域浮现于学术界。20世纪70年代，为数不多的公共生活研究的学术机构逐渐成立，有关研究人与公共空间之间互动关系的研究方法在纽约、伯克利的加利福尼亚大学和哥本哈根的皇家建筑学院被系统化和进一步发展起来。

我们的城市——简·雅各布斯

开始于20世纪50年代末、60年代初，简·雅各布斯的声音从曼哈顿的格林尼治村传播出来。她批判了当时愈加抽象且远离对人性关怀的规划思想，指出这种思想造成了我们的城市被小汽车所主宰。简·雅各布斯的思想主张的生活框架源于其对生活的感受和作为一位记者的灵感，格林尼治村是她观察和写下公共空间中的公共生活关系状况的驻地。这一时期，该区域承载着日益增加的汽车和现代主义规划带来的负荷，她在《美国大城市的死与生》一书中用充满关怀和怜爱的心情描述了这一时期的城市命运。[18] 这本书已在世界范围内成为城市规划和相关领域的经典之作。雅各布斯警示人们，如果现代主义的城市规划思想和交通规划师继续允许汽车主导城市的发展，那么曾经的“大城市”将会变成“死城”。

雅各布斯反对将城市划分为居住区、娱乐区和商业区，她认为现代主义的功能分区思想毁掉了社会生活和城市建筑群间的连接强度。[19]

20世纪60年代初，她带领当地的积极分子示威和抗议当时的一项拆除曼哈顿南部的大片区域来建下曼哈顿高速公路的项目。罗伯特·摩西（Robert Moses）作为当时在纽约很有影响力的城市规划师，则坚持要实施这一项目，最终，在雅各布斯和其他积极分子的共同声讨下，这项工程被一直搁置下来。[20]

为了使人们更好地理解公共生活与公共空间之间的互动关系，雅各布斯关注了社会、经济、物质空间及设计等诸多变量。她的这一整体性研究方法一直被应用至今。

雅各布斯对画在绘图板上的标准化设计方案不屑一顾，她热衷于自己亲身到街道上体验和研究人们的公共生活，从而发现城市中哪些设计可取，哪些设计不可取。就像雅各布斯书中写道的一样：“没有什么逻辑可以强加于城市本身；人们建造城市，城市为人们服务，而不是为了那些建筑，我们必须去调整自己的规划。这并不意味着安于现状，城市的闹市区需要进行彻底检修，因为那里脏乱而拥挤不堪。但是，在那里有些事情做得也还是不错的，使用简单而老式的观察方法，我们可以看出那些不错的东西究竟是什么，可以观察到人们究竟喜欢什么”。[21] 虽然雅各布斯指出了问题，但并没有提出可供系统性观察的工具。相反其他人却对此作出了贡献，其中包括威廉·H·怀特，他曾起过简·雅各布斯启蒙导师的作用。

常理的先知[22]——威廉·H·怀特

与简·雅各布斯一样，威廉·H·怀特也工作和生活在纽约市。他主要依靠自己双眼的观察或附带使用有延时拍摄性能的照相机获取场景的数据资料，所谓延时拍摄就是在每帧照片之间留有一定的间隔时间。

20世纪60年代末，纽约致力于建设更多的广场和公园。开发商在地面上建立了许多新的公共空间，以此换来在各块空地上建造高楼的许可。在这种交易环境下建立的半开放空间（semi-public space）没有受到建设质量标准的约束，更没有针对这些新城市公共空间使用状况的研究，这也正是促使怀特在1971年开始了他的开创性研究项目——街道生活研究。[23] 怀特关于纽约新城市空间使用情况的研究收录于1980年出版的著作——《城市小空间中的公共生活》（The Social Life of Small Urban Spaces）一书中。该书也成为公共生活研究领域的教科书。[24] 1988年，基于这本书创作的同名纪录片得以拍摄和上映，如怀特所期待的一样，这部纪录片吸引了成千上万的观众。[25]

无论是威廉·H·怀特还是简·雅各布斯，他们的研究事业都不在传统意义的层面上。新闻业是他们共同的起点。他们研究公共空间和公共生活之间相互作用的关系，并将他们的研究成果没有以专业书籍或者学术杂志的形式发表，而是刊登在不同的媒体杂志上，与各行各业的公众进行交流和分享。毋庸置疑，在那时期，怀特和雅各布斯是推动公共生活研究领域发展的核心人物。

《城市小空间中的公共生活》（1980年）

威廉·H·怀特的《城市小空间中的公共生活》陈述了作者的方法论。[26] 他汇编了大量的研究成果，这些研究来源于他开始于1971年的一个研究项目——街道生活项目。

这本书介绍了人们在狭小公共空间中的社会活动的基础观察研究。怀特并没有将这个作品称为一本书，而是将其当作一本手册，一个公共空间研究的副产物。这本书和之后的纪录片中内容详尽解释了这些研究，纪录片还生动演示了一些场所如何对人群有吸引力而另一些场所却完全没有。文字、图表和叙事图片形式的解释说明，总体而具体地讨论了气候、空间和建筑的设计以及人类的行为。

怀特正视所有的基本问题：公共空间中我们将自身置于何处？以及，相对于其他人的位置关系我们又将自身置于何处？他白天研究公共生活，有时候会运用延时摄影，就像照片中所示的那样。书的最后还提供了一个延时摄影相机使用手册的索引。

凯文·林奇（Kevin Lynch，1918—1984年）是20世纪60年代另一位生活在纽约并关注公共生活与公共空间相互作用关系的核心人物。他是一位地道的学术研究者，并在麻省理工学院执教多年。尽管林奇关注更多的是公共空间而非公共生活，在本书中没有更多关于他的论述，但是他作为对公共生活研究的拓荒者，为后来的学者带来灵感的来源是很值得被提及的，尤其他在1960年出版的著作《城市印象》（The Image of the City）一书，被许多大学列为必读书。[27] 这本书主要描述了使用者如何阅读、定位和体验城市。

城市是公共空间与生活的结合体——克里斯托弗·亚历山大

大约在1970年前后，公共生活研究的学术环境形成于加利福尼亚大学伯克利分校。该校在这一领域的开拓者包括克里斯托弗·亚历山大、唐纳德·阿普尔亚德（Donald Appleyard）、克莱尔·库珀·马库斯（Clare Cooper Marcus）、艾伦·雅各布斯（Allan Jacobs）和彼得·博塞尔曼（Peter Bosselmann）。

克里斯托弗·亚历山大是一位建筑师，1967年他在伯克利分校建立了环境结构研究中心。他在这一领域的最重要的研究成果被收录在1977年出版的《建筑模式语言》（A Pattern Language）一书中。这本书成为后继公共生活研究者的重要灵感之源。[28]

亚历山大并未止步于简单地了解和掌握人们在公共空间中的行为，他还希望引导使用者可以自己去设计公共空间中的城市家具、建筑和城市中的每一样东西。他认为使用者对建筑和城市的了解比建筑师和规划师们知道得更多。在他长达1000页的实例调研中，总结出有253项内容是普通市民可以参与和设计的，这些内容涉及区域、城市、小区、花园、建筑、室内、家具甚至是门把手等设计。

今天，奉行现代主义和功能主义的规划师们批判亚历山大缺乏对公共生活复杂性的理解和捕捉的能力。而亚历山大认为，恰恰是这种复杂性创造了生活、美与基于场地或特定空间之间的和谐。他在后来出版的《建筑的永恒之道》（The Timeless Way of Building，1979年）一书中指出，建造城市存在着一条永恒之道，使人们能够再次感受到城市的活力。现在所需要的是设计要从抽象化和过于智能化的设计方式转向建立在基于人们的日常需求的设计方法。[29]

《建筑模式语言》（1977年）

尽管现代主义拒绝了传统的城市和建筑的建造方式，在20世纪60年代，克里斯托弗·亚历山大提出了什么是他认为永恒的——如果被遗忘——如何在设计包括从书柜到公交车站再到整个城区在内的所有事物的时候同时考虑到人的需求。他将他的研究成果写成了他的主要著作《建筑模式语言》（1977年）。

亚历山大想通过学习公共生活和公共空间的相互作用来重新诠释早期城市和建筑的建造方法。[30] 此外，根据扬·盖尔关于建筑边界的强大吸引力的丰富知识，亚历山大强调建筑边界对于运作良好的城市和公共空间的重要性。亚历山大阐释了两种不同的建筑边界：一种是被他称为像机器一样的没有任何细节和停留机会的现代主义建筑边界；另一种被他描述为有变化、有细节和有不同停留可能性的生气勃勃的边界："机械式的建筑从周围环境中被切割并且隔绝开来，使其成为一个孤立的岛。充满生机的建筑边界被连接成为社会结构的一部分，城镇的一部分，是在其中居住和迁移的所有人的生活的一部分……"[31] 边界也会影响建筑吸引路人开展公共生活的方式。正如亚历山大所写："如果建筑边界不起作用，那么空间将永远不会变得有活力。"[32]

“当儿童可以安全地从家里到一个庭院或者邻居共享的游乐场地去玩耍，那么照料孩子将会变得更容易。”[33]

（文字来源于《重视人性化的住宅》。）

《重视人性化的住宅》（1986年）

克莱尔·库珀·马库斯的第一本主要著作是与W·扎尔基西安（Wendy Sarkissian）合著的《重视人性化的住宅》。这本书争议性的标题已经暗示了居住区规划很少考虑人性化。这本书以两位作者关于她们认为是什么构成了一个好城市的陈述为开端，穿插了技术信息和她们童年的故事以及她们之后的生活。库珀·马库斯写道：“我记得在那个铺了鹅卵石的庭院所带给我的强烈的围合感和群体领土意识。我们这些孩子知道这是‘我们的空间’，并且当我们被告知待在那儿时，我们的父母都知道我们在哪儿。”[34] 用以价值观为引导的叙事性风格来写作，构成了公共生活研究先驱的写作特征。

这本书总结了100份对建筑的使用后评估结果。在该评估中，搬入新住宅区的人讲述了他们在新的邻里空间中生活，有哪些地方是他们所喜欢的，哪些是他们所不喜欢的。

关注妇女、儿童和老年人——克莱尔·库珀·马库斯的观点

克莱尔·库珀·马库斯研究历史和文化，也研究城市和区域规划。她是在20世纪60年代开始通过关注使用者对空间使用的“地图标记法”，来创造更佳公共空间而成为公共空间研究的先行者之一。1969年，她开始在伯克利分校从教，教授以社会和心理两个维度为特殊关注点的公共生活与公共空间相互作用的课程。

马库斯更多关注的是不同群体的使用者而非泛泛地关注公共空间。1990年，她与同事卡罗琳·弗朗西斯（Carolyn Francis）一起撰写了《人性场所》（People Places）一书，该书对公共空间没有给予妇女、儿童和老人必要的关注进行了批评：“我们所查阅的大多数有关设计的文献——哪怕是涉及一点点关于使用者的——都是假定使用者是肢体功能健全、相对年轻的男性。”[35]

从20世纪90年代开始，马库斯将研究的重心从公共空间转移到如公园和植被这一类城市绿色要素上。她研究绿色要素对人类健康可能产生的影响，因而她也是在研究使用者的需求。[36]

人性化街道——唐纳德·阿普尔亚德

唐纳德·阿普尔亚德（1928—1982年）和凯文·林奇一起在美国东海岸开始了关于公共生活的研究。1967年，他开始在伯克利分校从教，并受聘为城市设计的教授。[37] 后来，他和彼得·博塞尔曼一起建立了可以模仿人在公共空间中移动或静止体验的模拟实验室。

1980年，阿普尔亚德在他的《宜居街道》（Livable Streets）一书中写道：“街道变成充满危险、不再宜居的环境了，可大多数人的生活还是离不开它的。街道需要被重新定义，它可以作为人类的庇护所、可以宜居的场所、交往的社区、居住的领地，还可以是玩耍、充满绿色和承载当地历史的地方。邻里空间是应该受到保护，但不意味着具有排他性”。[38] 阿普尔亚德的呼吁是对简·雅各布斯倡导街道空间具有重要社会属性的回应，只是他比雅各布斯更为关注街道的交通功能罢了。

阿普尔亚德最为人所熟知的贡献是他在旧金山进行的基于三条平行居住区街道的比较研究，他分别用繁忙、中度繁忙和轻度繁忙来进行衡量。街道平面图说明了具有鲜明图形清晰度的研究结论：街道机动车交通流量越大，街道就越缺少生活和社区的氛围。[39] 阿普尔亚德随后开展了更多基于居住的社会经济混合型街道的研究。这些研究验证了他那具有开创性研究的结论，即机动车交通流量极大地影响着每一条街道的公共生活和可能建立的社交关系的数量。

《宜居街道》（1981年）

现代主义者背弃了传统城市类型，包括街道。公共生活研究恢复了街道作为也许是最重要的公共空间的地位。在《美国大城市的死与生》中，简·雅各布斯将街道定义为社会空间，而并非仅仅是人与汽车的交通空间。[40] 1981年，唐纳德·阿普尔亚德出版了《宜居街道》一书，书中研究显示，例如，当场所条件邀请人们开展公共生活且不受交通带来的负面影响时，社会生活可以呈现于街道上。[41]

《宜居街道》是阿普尔亚德最杰出的著作，其原因也许是他的研究能够显示交通流量和产生于街道的社会生活数量之间的联系。尽管其结论与技术专家相关，但是对于政治家和活动家来说仍然很重要，因为结论清楚地显示了交通给居住区街道带来的后果，并且为设计低负荷交通或者无机动车交通的新型街道提供了讨论的依据。

体验城市——彼得·博塞尔曼

建筑师彼得·博塞尔曼[42] 想从使用者的角度去描述对城市的体验，这正好与专业人士的角度形成直接的对比：“专业人士很少会从使用者的角度出发去考虑人们穿行于城市各地点的路径，人们俯视街道、独自或与他人一起站在广场上等 ——人们可以想象的具体情况”。[43]

因为公共生活与公共空间之间的相互作用都是在瞬间发生的，所以有必要研究其发生的过程。记录人们的活动与环境之间的关系可以发现很多问题。每一秒钟发生的事情都不会和前一秒钟或者后一秒钟发生的事情相同，比如，与针对建筑进行的研究形成的对比，在研究人们公共活动的时候，时间是至关重要的因素。彼得·博塞尔曼就是致力于记录这一过程，并将他的发现予以发表和传播。

博塞尔曼是加利福尼亚大学伯克利分校建立环境仿真实验室的重要推动者之一。他和其他建筑师、电影业的专家和光学工程师一起，建立了城市环境模型，使研究按照规划建造的建筑物对周边环境体验产生什么影响成为可能。模型和摄影机可以模拟行走、驾驶或飞行，并且以图解的方式，演示在一个特定的空间是如何能够被体验的，不是仅仅作为一个瞬时图像，而是通过行进中的步行者的眼睛随时间的变化来体验的。

他们花费了很多年的时间来发展能够相对真实呈现人们如何体验城市的影像技术。从1979年开始，实验室与旧金山和其他一些城市共同研究这项课题。旧金山的摩天大楼被用作一个特殊案例，以说明它们是如何影响当地小气候和公共空间的品质的。[44]

博塞尔曼和简·雅各布斯及其他研究者坚持的观点一样，开展城市研究最重要的是要置身于城市之中。因此博塞尔曼鼓励他的学生深入街道和社区中获取第一手资料。[45] 博塞尔曼还致力于在仿真实验室和真实的城市环境中探寻一种可以展示人

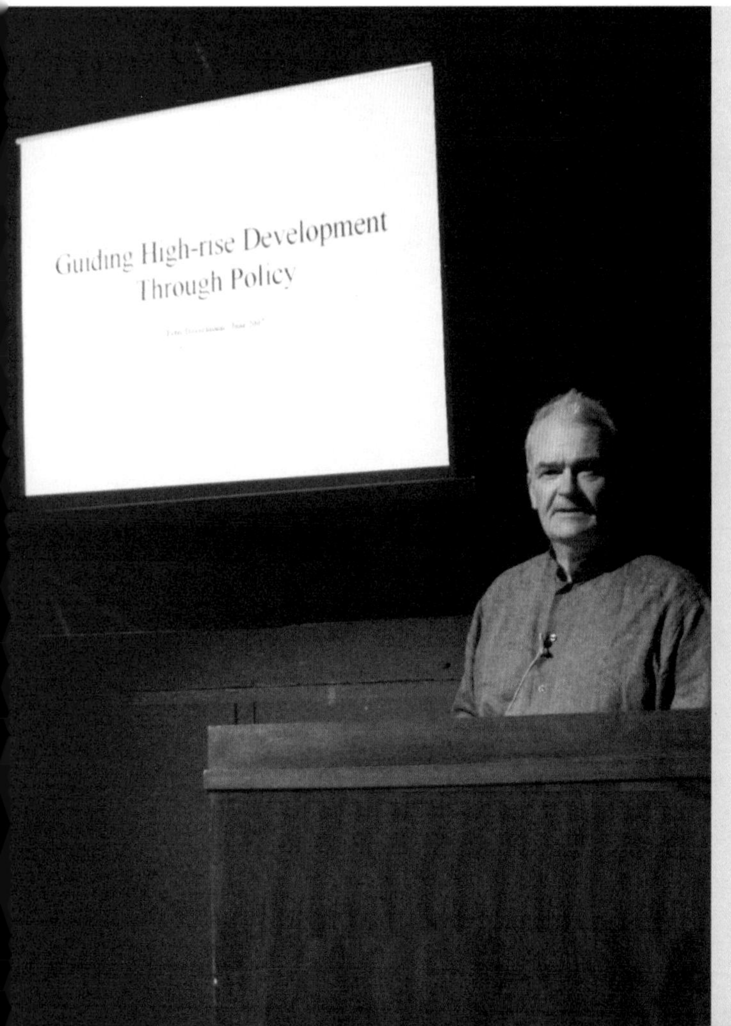

《阳光，风与舒适》(1984年)

1984年，彼得·博塞尔曼和几个同事一起出版了《阳光，风与舒适：四个城镇区域的开放空间和步行环境研究》。[46] 这份报告后来成为公众关注的焦点，因为它代表了学术界和城市决策者之间的一次协作。20世纪80年代中期，公共生活研究日益成为城市规划的战略工具。

报告记录了旧金山几个规划的摩天大楼给城市带来的微气候及其对人们舒适体验的影响。这对公众的参与和讨论是一个重要的推动，而这场讨论以如下规划作为结尾：高层建筑或被搁置或对其设计规范进行修改，是为了考虑在街道层面上阳光和风力条件对行人的影响。这项研究对于地方规划采用的设计导则的制定发挥了重要作用。因此，以为城市使用者改善条件为目的，这项研究成为公共生活研究传统的一部分。

们在移动中体验城市的方法。他们设定在两种环境中，对以4分钟内步行于多种不同街道路径的形式来进行比较体验研究。环境仿真实验室也建立了基于观察公共生活与公共空间之间相互影响的研究方法。

20世纪80年代中期，模拟实验室对位于旧金山儿座规划中的摩天大楼进行了研究，得出了小气候对环境体验产生负面影响的研究结论。这一研究结论被写入法规中，以确保行人免受来自摩天大楼的阴影和建筑风场的负面效应。[47] 环境模拟实验室在伯克利分校持续处于研究中心的位置。[48]

博塞尔曼对这一领域的贡献在于强调要注重人们在移动中对城市的体验，以及提出如何才能设计成适合当地小气候的物理环境条件的宜居城市，而不是背离其道。通过对人们瞬时性公共空间体验的研究，以及如何去解说这些瞬间的研究，博塞尔曼找到了理解城市中公共生活及其与公共空间互动的关键点。他的一系列研究成果都汇集在2008年出版的《城市演变》（Urban Transformation）一书中。[49]

大约1981—1982年，美国加利福尼亚大学伯克利分校的环境模拟实验室：唐纳德·阿普尔亚德（右）正在向威廉·H·怀特（坐在右边第三个）解释旧金山城镇规划策略。莱斯利·古尔德站在中间，彼得·博塞尔曼坐在左边。

《伟大的街道》(1993年)*

艾伦·雅各布斯在他的书《伟大的街道》(Great Streets)中收集了世界各地的街道的大量例子。像其他公共生活研究先驱者一样，他从个人和日常领域开始着手，来描述他和家人曾经居住的匹兹堡的一条街道生活。

虽然《伟大的街道》一书中很强调物理环境，但是书中也提供了对其他条件(例如气候等)如何对公共生活产生影响的理解认知。在“我们曾居住的伟大街道”这一标题下，关于匹兹堡罗斯林普雷斯街的描述说明了这一点：

“罗斯林普雷斯是一条定义明确、比例紧凑、结构坚固、外观似曾相识的街道。它给人的感觉是舒适的。最佳的景象是在春季、夏季和秋季，阳光透过葱郁的梧桐树叶，投下斑驳的光影。这条街道简直和你所能幻想的一样棒。在冬季，如果出太阳，每天至少有一段时间阳光会透过光秃秃的树枝照射到街道上。”[50]

* 应为1995年出版，见本书第41页和本页右下文字。——编者注

“我们喜欢城市”[51]——艾伦·雅各布斯

20世纪90年代初，身为建筑师兼城市规划师的艾伦·雅各布斯促成了加利福尼亚大学伯克利分校城市设计硕士学位项目的开设。1975年以后艾伦·雅各布斯开始教书，没过多久便被晋升为教授。在从教之前，即1967—1975年间，他曾担任旧金山规划局的局长。1972年他率先为某一城市起草了城市设计方案，这是首批城市设计方案中的一个。自2001年以后，艾伦·雅各布斯成为城市设计领域中一位独立执业的城市规划咨询顾问。

艾伦·雅各布斯指责城市规划者过多地将街道视为交通的空间而不是人们活动的场所。[52]对艾伦·雅各布斯而言，街道应该是一个能够包容具有各种不同社会背景人们的场所。在1987年出版的《城市设计宣言》(Toward an Urban Design Manifesto)中，他与唐纳德·阿普尔亚德一起批判了国际现代建筑师协会(CIAM)的主张和田园城市运动，他们认为两者都忽略了街道的社会属性。[53]他们开列出一个良好城市生活所应拥有的价值和标准即“宜居性、可识别性和可控性、可达性、可以激发想象力、予人以快乐感、真实性，充满意义、关注社区与公共生活、城市自我维护性、一个适宜于一切生物的环境。”[54]为了达到这些目标，他们从传统城市中提取出几项规划原则：即密度、混合用地功能、公共空间和街道。[55]

雅各布斯和阿普尔亚德写道：“我们对城市的憧憬有一部分可追溯到对早期古老城区现状的认知，即使有很多人，其中也包括一些具有乌托邦思想的设计师反对这种模式，而且常常有一些美妙动听的理由。尽管乌托邦思想不会令所有人都满意，但它在总体上还是正确的，因为我们喜欢城市。”[56]这里引用这段话是因为它代表了当时大多数公共生活研究领域先驱者们的看法。他们重视被现代主义所拒绝的前现代城市的品质。他们不仅肯定了影响城市空间品质的因素，如密度、混合用地功能，以及像街道和广场这类的传统公共空间，同时还看重社会和心理维度的内容：公共空间是面向所有人的空间，注重真实性、注重城市和公共空间存在的意义、使人们乐意参与公共生活和使用其他无形的价值。

在《观看城市》(Looking at Cities, 1985)一书中，艾伦·雅各布斯提出，系统性观察应该作为一项分析性的研究方法和决策工具。[57]他相信，与简单地通过查看依实地统计绘图或标注地图的方式获取信息相比，通过现场观察公共空间与公共生活之间的相互作用关系所获得的信息更为可靠，它可以避免出现许多影响人们公共生活质量的错误决策和行动。在他1995年出版的《伟大的街道》一书中提供了许多这样的实例，有一些功能良好而另外一些则不敢恭维。[58]

艾伦·雅各布斯通过制定具体的城市设计方案而界定了城市设计这一领域的工作，并起草了一份宣言，同时在加利福尼亚大学伯克利分校创办了这一专业。

摘自艾伦·雅各布斯的《伟大的街道》：

“虽然所有的舞台布景都是假的，但是那些存在于最佳街道上的舞台布景般的有形品质，代表了理想化的梦幻记忆中美丽街道的构成：建筑沿街排列，建筑细部上透明的光线不断移动直至消失于地面；行人感到舒适；暗示了住宅和居住的氛围，一个开端和一个结局。

沿街有很多门廊，每5.5米一个，但是有些不是真的，外面看上去是不同店铺的入口，但里面其实是同一家。很多建筑的外观平均尺寸为6.7米。有许多窗户和标志。建筑上层比例正确，但实际尺寸却比真实的建筑要小：比等比例的模型要小。如此洁净。

即使有艺术性概念和高质量的执行作为支撑，物质薄弱感却依然存在，就仿佛墙壁不是真实的墙壁，仿佛所有的一切都是被道具支撑起来的。这仅仅是一个可以说明要营造出一种都市感的空间仅需要很小面积的例子。中央电车轨道就可以反映出这是一条小镇的主要街道还是一座大城市的主要街道。总而言之，这是一次如何将大尺度构成的空间打造成看上去像是民粹主义空间的演练。”[59]

加利福尼亚迪士尼乐园，主街。艾伦·雅各布斯绘于《伟大的街道》一书中。

交往与空间[60]——扬·盖尔

建筑师扬·盖尔于1960年毕业于丹麦皇家艺术学院的建筑学院。他是在现代主义范式下接受的教育，这就意味着在他的职业生涯开始之初，他是优先考虑建筑本身而不是建筑之间的空间。

有一天，一位客户的要求促使他对现代主义风格进行新的思考。这位客户拥有雄厚的资产，他想建造一个“人性化”的（good for people）社区。客户并不在意建筑外表看上去如何，但却强调建筑应该为人们营造一个是适宜生活的场所。那一年是1962年，这个项目是由他当时就职哥本哈根的IAJE建筑事务所（Inger and Johannes Exner）承接。客户渴望建设“人性化”建筑的要求在当时是极具挑战性的，而且也没有现成的可供借鉴的先例与其要求相吻合。

最终，满足客户要求的具体的设计方案是受意大利村落模式发展的启发，采用以低层建筑集合体的方式，也就是建筑围绕小广场而布置。在20世纪60年代初，围绕人们常见的广场来布置低层住宅的设计方案被认为是过于前卫了，方案也很难被实现。不过，这个项目还是产生了一定的影响，因为它不仅发表在杂志上，更因为这个项目设计的出发点是与众不同的，即它源于对建筑物之间的空间比建筑物本身更为重要的假设——这一假设成为盖尔后来职业生涯中重点关注的问题。

这个项目的场地中央是一处普通广场，住宅沿着广场四周布置。该项目设计以传统城市广场为灵感，空间尺度适宜于综合住宅。方案的特点是尺度亲切且体现城市特性，这种风格与当时人们所崇尚的郊区花园和开阔的大草坪形成了鲜明的对比。[61]

在那一时期，另外一位挑战盖尔现代主义建筑师思想的是他的妻子：英格丽德·盖尔（Ingrid Gehl），一位心理学家。她常常质疑建筑师在设计建筑的时候并没有特别关注人的感受。从20世纪60年代中期开始，英格丽德·盖尔在丹麦建筑研究院工作，是丹麦当时第一位关注城市和社区环境的心理学家。她研究人们的行为和城市空间的质量，尤其关注社区的环境质量。

对扬·盖尔而言，从客户提出的“人性化场所”要求，到生活伴侣英格丽德·盖尔从心理学角度的予以他的启发，并鼓励他在设计时要多为人着想而不是为设计而设计，这些成为他研究公共空间与城市里的公共生活相互作用关系的跳板。

20世纪60和70年代，扬·盖尔和英格丽德·盖尔的名字常常出现在媒体的报道中，他们对那个时期缺乏良好的体验性和人性化尺度的现代主义建筑群抨击之声常见诸报端。[62]

虽然他们的抨击是正确的，但为了提供可供选择的哪些因素需要认可和发展、哪些因素需要摒弃和改变，并找出其背后存在的导致原因大有必要。很快研究公共生活所需的新工具，以及对有关公共生活与公共空间之间相互影响的大量基本知识的需要变得非常明显。基于此，盖尔夫妇在意大利开展了几个方面的初步研究。

1965年，盖尔获得了新嘉士伯基金（The New Carlsberg Foundation）的游学奖学金，使其在意大利开展的古典公共空间和城市研究成为可能。意大利的游学成果被扬·盖尔和英格丽德·盖尔以三篇文章的形式发表在1966年的丹麦建筑杂志《建筑师》（Arkitekten）上。[63] 这些文章为盖尔继续探索关于公共空间和公共生活的研究方法奠定了基石。他用地图标记法不仅标记出意大利城市广场的总体使用情况，而且还记录下大量其他的细节。比如，在某一指定的时间点，通过标注人们所在的位置和人们是坐还是站来了解人们在广场的什么区域、聚集了多少人等。[64]

在另一处露天广场，他统计了从清晨到夜晚全天在广场上活动的人次，记录了步行者在特定街道上的人数。这项研究分别在冬季和夏季开展，用来对比两个季节中人们逗留和漫步的数量变化情况。[65] 在意大利的6个月生活期间，盖尔夫妇一起获得了关于公共空间、公共生活的基本知识，这些知识后来在对意大利其他城市的类似研究中得到印证，并应用于意大利之外的其他城市。

从1966年开始，这些文章中的内容是基于丹麦的城市状况而得出的同样的结论，就一般意义而言：“无论在哪座城市人们都可以随时找到各种步行机会并加以利用，因为步行是必要性活动”。[66]

在丹麦，同样的公共生活景象也存在，其中有三四座城市的活动水平极高，因为这些城市在其规划过程中已将精神层面健康的功能要求纳入思考范围。如同意大利一样，在丹麦的案例中，公共空间设计与使用之间的紧密联系也是被纳入考虑范围之内的。城市的任何一个角落都可以找到步行的机会，因为这些步行的条件都存在。

在意大利的研究证实了空间设计和空间使用间的联系。文章详细说明了如何描述谁去了哪里和他们做了什么。结论之一是告诫人们不要狭隘地看待城市生活的特点。比如说，狭隘地把“沿着购物街的活动”单一地归为“购物”，这只触及活动的“表面层次”。[67] 隐藏在冰山之下的理性和功能性的活动是社会方面的层次：看其他人的需要或仅仅是与其他人同处一个空间、社会认同的需要、看一看接下来会发生什么的需要，运动的需要、对阳光和空气的需要等等。[68] 因此，观察性研究为公共生活研究需要增添了一个维度，即通过访谈了解人们待在城市里的原因，这是观察永远也无法捕捉到的因由。

自1966年起，署名扬·盖尔的文章用叙事性照片记录了公共生活和公共空间的联系，通过自己的著作和讲座他成为一位深受欢迎的演讲者。他的叙事性照片不同于以往突出空间和形式的建筑摄影，而是用日常城市生活中熟悉的场景来强调空间是如何被使用的，用实例来攸明什么有益而什么无益。

对意大利的研究不仅提供了功能完善的城市空间案例。盖尔的研究还包括了对意大利北部小镇萨比奥内塔的分析，该镇的广场和主要街道之间的连通性很差。其结果是广场几乎被废弃了，这是基于盖尔统计数据的结论。[69]

在丹麦皇家艺术学院的建筑学院，风景园林学教授斯温-英格瓦·安德森（Sven-Ingvar Anderson）看到了扬·盖尔在关注人文方面研究的潜力。因此，扬·盖尔始于1966年的研究工作在建筑学院被发展为一项研究课题，最终的成果为1971年出版的《交往与空间》（Life Between Buildings）。[70]

《交往与空间》成为“公共空间-公共生活”研究的教科书，并成为人们开始接触城市规划的入门读物。该书被译成22种语言出版并多次重印。[71]《交往与空间》出版的同年，英格丽德·盖尔根据她在丹麦建筑研究中心的研究工作，出版了一本有关居住心理学方面的著作——《居住环境》（bo-miljø）。[72]

1968—1971年间，哥本哈根建筑学院在这方面的研究工作已经形成了缩写为SPAS的跨学科研究项目，SPAS意为心理学家、建筑师和社会学家共同参与的研究，并吸引了来自许多学科的参与者。

1972—1973年间，扬·盖尔被聘为多伦多大学的客座教授，在那里他和英格丽德·盖尔结合自己以人为本的研究，进行了一系列在当时相当轰动的关于建筑和城市规划社会维度研究成果的讲座。之后，扬·盖尔以受聘于多所大学客座教授的方式继续着自己的国际交流生涯，这些大学中包括1976年在澳大利亚的墨尔本大学。盖尔与墨尔本市的合作以20世纪70年代中期

《交往与空间》（1971年）

扬·盖尔的《交往与空间》成为一本经典之作，不仅仅局限于公共生活研究领域，而更广泛地延伸至城市规划和城市策略思考范围。

这本书于1971年以丹麦文出版，当时，对斯堪的纳维亚地区关于建筑以及更普遍的城市规划应该向哪个方向发展的讨论作出了卓越的贡献。到1987年此书的英文版出版时，关于交往与空间的思考已经成熟。R·厄斯金在英文初版的前言中写道：“1971年，这本书首次出版，扬·盖尔是那些孤独的人性价值的主角之一……十多年之后，我们可以看到建筑师和其他人对这些价值日渐增加的兴趣。”[74]

尽管随着时间的推移，有大量以建筑风格史、个人建筑师、建筑或更多的哲学导向为主题的书籍出版，但却很少有著作关注公共生活和公共空间的结合。直到今天，《交往与空间》仍被列于许多教学大纲上的必读书籍，与其他公共生活研究领域先驱者的著作并驾齐驱。

一系列小的公共生活研究开始，继而扩展到整个城市。今天，扬·盖尔依然继续与墨尔本市保持合作，不过，现在的合作是通过2001年他与合伙人赫勒·索霍尔（Helle Søholt）成立的盖尔建筑师事务所进行的。赫勒曾就读于丹麦皇家艺术学院的建筑学院和西雅图华盛顿大学的建筑学专业。

早期的研究为基础知识库的建立作出了贡献，这期间研究公共空间和公共生活相互作用的方法在一直改进之中。[73]

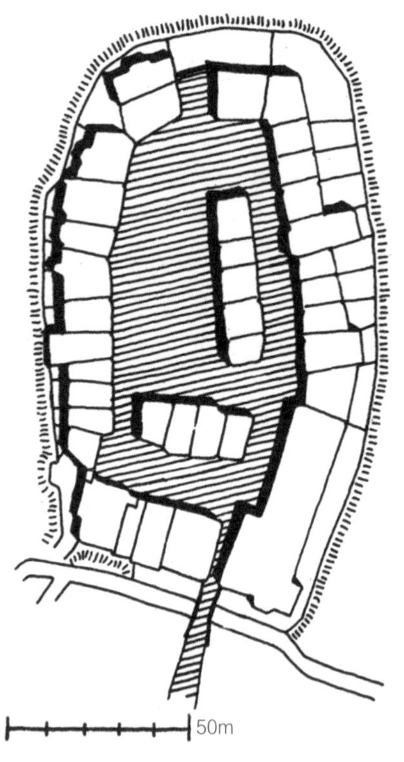

左：意大利罗马，圣维托里诺平面图。[75]

下：Exner建筑设计事务所1962年设计的Amtsstuegården（未建）。1962年，扬·盖尔在Ingerand Johannes Exner建筑公司工作时，他帮忙设计了一个叫作Amtsstuegården的低层住宅区的方案。这个住宅区的一部分如下图，虽然这个方案并未实现，但却被发表于杂志上并且影响了人们应该关于如何规划住宅的思考。

传统广场对有活力的公共空间的重要性是启发这个设计的灵感来源。例如意大利罗马圣维托里诺（左图）这样的场所。建筑并非随意排列，而是按照人性化尺度规划的惬意的空间。

关于公共生活研究的国际跨学科论坛

很自然，除了前面提到的那些研究人员外，从20世纪60年代开始还有许多人从事了公共生活的研究工作。其中有三个著名的事例：1963年C·甘沙尔（ClaesGöran Guinchard）使用拍照的方式每隔30分钟记录一次游戏场地的活动情况；在同一时期的荷兰，德克·德·扬（Derk de Jonge）研究了人们在室内外空间中对边界的偏好；此后在20世纪70年代，罗尔夫·蒙海姆（Rolf Monheim）在德国对步行区域开展了综合性的研究。[76]后来还有许多其他研究人员也加入了这一领域，但在本章中提到的这些重要人物依然被视为是公共生活研究的先驱。

这些先驱以融合建筑学、风景园林学和大尺度规划等学科的方式，为公共生活研究奠定了思想理论和实践方法论的基础。尽管这些研究可以看作是城市设计的一部分[77]，对这门学科而言，它不以设计作为终极目标。它的目标是通过观察收集数据以更好地了解公共空间和公共生活间的相互作用。它是一种能保障城市规划、设计及建造过程品质的分析工具。这种更偏向分析而非艺术的方法，偶尔也会在公共生活研究的专业人士与更注重艺术性的建筑师之间激起矛盾冲突。

在这一早期阶段，各个学科密切合作建立起了公共生活研究学术领域。虽然前面提到的先驱都与大学教育的建筑和城市规划领域联系起来，但他们的教育背景则是多学科的，他们也与其他学科领域的人有所合作。他们的著作和研究方法依然被运用到许多不同的职业背景下。跨学科的方法仍在沿用，但公共生活的研究已经逐渐成为建筑和城市规划项目中离不开的程序。

有趣的是与此同时，世界各地的研究者开始发展城市公共空间与公共生活间联系的研究方法。他们都发现了这样的事实：在城市规划中，人的角色被忽略甚至被视而不见。汽车侵占了城市，交通规划者把持了规划工作，先前在建筑物间设计的供居住者步行和开展城市生活的空间，现在却让位于车辆了。

这些先驱的著述以其社会交往传播的激情而闻名，不仅向圈内其他的专业人士传播，而且也向圈外的人传播。公共生活研究的先驱希望通过书籍、电影和流行杂志等方式广泛传播他们的知识。这不意味着他们的文章是随意而非分析性的。相反，公共生活研究的特点就在于其分析性的方法。总的来说，他们的文章与传统的学术文章不同，既没有长篇大论的争论性讨论也没有旁征博引的注释。然而，他们的文章强调户外调查和实践中得来的案例的“真实性”。

公共生活研究领域产生于研究和实践的辩证关系中。城市提供研究的动力，比如研究素材从城市中收集得来，文章往往也根植于纽约、旧金山或哥本哈根这样的当地的城市环境。城市成为发展研究城市公共生活和公共空间相互作用方法的实验室。为了理解城市空间和建筑是否支持公共生活，一个基本前提就是研究者需走出去，到城市中去进行观察。人们可以直接进行观察，在不少案例里也使用了辅助性的器械观察和记录。

随着专业机构的建立，如1968年成立的环境设计研究协会（Environmental Design Research Association，缩写EDRA），大学和其他高等教育机构也成为这一研究领域的重镇，公共生活研究在学术圈中的地位逐渐建立起来。在一段时间内，大量常规性学术文章发表，将这个领域推向更接近于比较传统的学术门槛。[78]

尽管先驱走了他们各自不同的路径，但与其他专业人士相比，他们属于能够带给人们灵感的那一部分，并逐渐成为“公共空间–公共生活”研究的国际性跨学科论坛的一部分。

这个学科的基础书籍在20世纪60年代初到80年代中期出版。直到今天，那个时期开发的工具仍是教学和实践公共生活研究的基础。在接下来的从20世纪80年代中到21世纪初这一段时间里，这些知识和方法被越来越多地运用到实践中。这一时期城市间竞争日趋激烈，为满足创造富有吸引力城市的要求，城市规划者和地方官员们开始对新的规划环境更为挑剔，因此也对了解公共空间与公共生活间的相互作用更感兴趣。

作为战略工具的“公共空间-公共生活”研究（1985—2000年）

20世纪80年代末，随着来自国家之间矛盾影响的降低，城市间和地区间的竞争则加剧。这种变化来自于日益增加的全球化和以1989年柏林墙倒塌为标志的重大政治与地理变化的结果。20世纪90年代，一些经济态势良好的城市投入了大量的城市建设资金兴建标志性建筑作为城市的品牌宣传，当然也有投资在城市环境和品质的改善上。

这一时期隐含着内在的模糊性。前所未有的大型建筑项目导致了城市形式的千篇一律化，作为应对这一变化的对策，人们现在越来越关注城市中人的价值、公共空间、混合功能、本土化和更人性化的尺度。

然而，在这同一时期，建筑师像艺术家一样被人们所赞美，个人的建筑作品被当成标志性的艺术作品。这种做法在20世纪末达到顶峰，世界各地的城市争相聘用“明星设计师”建造纪念碑式的建筑物，以标榜他们城市的独特风格。

这种强调个人建筑作品的趋势，对关注建筑间空间的人们来说处境更加不利。幸运的是，仍有一些城市强调整体性和公共生活，比如巴塞罗那、里昂和哥本哈根都战略性地致力于公共空间规划。这些公共空间的照片被印在贸易杂志和游客手册上，使得这些城市有别于其他城市。

可持续性与社会责任

自20世纪80年代末，一些城市开始对提升公共生活的可见性感兴趣，并为此展开分析与讨论，因为创造功能完备的宜居城市对提升城市间的竞争力至关重要。快速将人们从A点运抵B点已经不足以满足人们的需要了，而是要创造出人们愿意居住、工作和游览的富有吸引力的城市环境。这种发展强调了研究和记录公共生活条件的政治优势，以便记录下跟随时代的城市发展步伐，以及评价实施一定措施后的城市环境改善的效果。

城市环境保护的思想在20世纪六七十年代已经出现了，但在1985—2000年才开始受到重视。公共生活研究先驱者提倡的公共生活多样性、行人优先于车辆和给予使用公共空间的人们更多的关注，是与那一时期的主导性的议题相符合的。到20世纪80年代末，人们对可持续性和社会责任的意识增强了。此外，从80年代末到90年代初，公共空间的日益私有化与商业化引起了广泛争议。在文集《主题公园的嬗变：美国新城市场景和公共空间的终结》（Variations on a Theme Park：Scenes from the New American City and the End of Public Space）（1992）一书中指出，城市空间以牺牲公共空间的开放性和无障碍性为代价被私有化和商业化所瓜分。[79]

可持续性与体验

自1987年以来，《布兰特伦报告》（Brundtland Report）的报告标志着可持续性已成为一个重要且范围被界定的概念，对城市规划领域而言这一概念也同样适用，特别是机动车带来的二氧化碳的排放让人们开始关注可持续发展交通方式。这种跨学科的整体性公共生活研究方法，倡导环境友好型的出行方式，并意在直接解决这些矛盾问题。社会从大批量生产和生产线专业化工业社会过渡到更为复杂，从某种程度上讲知识更为整体，全面并以互联网为导向，这种方法也随着社会的过渡而发展。[80]

从20世纪60年代到80年代，对“休闲社会”的所有讨论

“欧洲的复兴——城市公共空间1980—1999年”是1999年巴塞罗那当代文化中心（CCCB）筹划的一个展览会的主题，提出“城市复兴”的概念，并用20世纪八九十年代欧洲建立的公共空间的大量例子加以说明。

这次展览给人一种总体印象，即作为一项重要的城市规划要素，已决定将重点放在公共空间上。人们已经重新夺回城市，也就是说，人们能够使用从前停放汽车的广场。

图片：西班牙，巴塞罗那。

都悄然无声了。建成的很多绿地空间已经无法满足人们开展休闲生活的需求。从90年代开始，“体验型社会”（experience society）成为热点话题。现代社会需要给人们提供体验的机会，人们对在公共空间中可以开展的活动要求不断提高，越来越多的特殊群体需要更专业化的设施和服务。建设标准化的游戏场已经不能满足要求：主题性游乐场地、滑板公园、慢跑道和跑酷训练场地也成为人们的新宠。使用者对专业化和体验的需求，使专业人士需要不断试验，公共空间是都可以满足特殊群体的户外活动需求，以及是否吻合潜在的公共空间使用群体的期待。

被拯救的城市——巴塞罗那

在20世纪八九十年代，许多城市的规划师和政治家对由汽车及功能主义思潮给城市规划带来的压力逐渐地持有更为严厉的批判态度。公共空间和公共生活对提升城市质量的作用越来越多地受到关注。2000年扬·盖尔和拉尔斯·吉姆松（Lars Gemzøe）出版了《新城市空间》（New City Spaces）一书，书中39个案例选自世界各地新建或重新改造过的39个街道和广场。作者在书的序言中指出，公共空间是从20世纪80年代开始得到重视的。在这方面，巴塞罗那的政策如同一座指示灯："过去的50年中，所有城市的空间都被汽车所征服了。现在城市开始反击，无论是在实体空间还是在文化上。'夺回城市'（the reconquered city）这一概念正是诞生于巴塞罗那。"这一概念意味着把城市从机动车洪流中解放出来，将城市还给市民。[81]

自佛朗哥独裁统治终结以来，始于1979年西班牙第一次获得了自由选举的权利，巴塞罗那政府决定公共空间应该予以优先发展。在许多年以后，自由集会被禁止的地方，人们以在全城的各个地方都创建了新的集会空间来庆祝重获民主。

20世纪70年代末80年代初，第一个公共空间项目得以实施，主要是在城市的老区。后来蔓延到郊区和其他各种各样的公共空间，他们常在创新设计上有所突破，使巴塞罗那成为公共空间建筑设计的灵感来源，也是在这一时期，公共空间建筑成为独立的学科。[82]

无论是对规划师还是对政治家而言，巴塞罗那和其他城市带来的启示增强了人们把公共空间作为一种战略性工具的意识。对公共空间与公共生活间相互作用重要性的认识，增强了研究新城市空间中公共生活的需求。

从大学到城市驱动研究

从20世纪80年代中期开始，许多市政府希望得到有关公共空间和公共生活间关系的建议。这一时期的研究通常是与学术机构合作进行的，直到2000年左右开始逐渐转向个人咨询。[83]这种把理论和构想付诸实践的愿望，鼓励了公共生活研究人员将他们的学术事业和个人咨询实践相结合。[84]

许多城市进行了开始被称为"公共空间–公共生活"的研究。最初的研究是以这些城市与丹麦皇家美术学院建筑学院合作的形式进行的，后来则改为与2000年成立的盖尔建筑师事务所合作的形式。

从1968年至今，哥本哈根一直是发展和完善"公共空间–公共生活"研究方法的实景实验室。它是世界上第一个对公共生活进行周期性研究的城市，先后在1968年、1986年、1996年和2006年进行了研究。[85]

1986年公共生活研究所得出的主要结果与1968年的研究进行了比较。20年的时间跨度无论从局部还是整体，都可以提取出很多有趣的结论。从研究中可以读出哥本哈根公共生活特征所发生的变化，尽管位于该市最繁华的商业区中的斯特勒格（Strøget）步行街主要区域的人数大体上没有太大的变化，但1968—1986年间，在步行街上逗留的人数比走路的人数明显增加了。同一时期，城市空间中文化活动的选择范围明显广泛了。1986年的公共生活研究显示公共空间的休闲和文化性活动数量明显上升。[86]

这些主要研究起到了每十年一次对城市公共空间使用情况的全面评估和监测作用，这期间对城市生活健康程度的检验更加重视。在开展主要研究的间隔年中也会进行一些小规模的研究。数十年来，澳大利亚的墨尔本和珀斯、挪威的奥斯陆、瑞典的斯德哥尔摩，以及丹麦的欧登塞等城市也进行了"公共空间–公共生活"的研究，使我们有可能从更广的视角看到在公共生活层面进行的举措、政策和具体项目。[87]

被研究地点所记录的数据资料，是通过使用一致的方法在不同具有代表性的时间段内收集的。此外，还通过对不同城市和不同时间点的数据进行比较，可以对公共生活和公共空间的相互作用得出更具普遍性的结论。这些方法为比较研究提供了基础，并为如何建造以人为本的公共空间、公共生活以及社会环境提供了普遍性的理论基础。

现在世界各地的许多城市都在使用"公共空间–公共生活"这一方法作为一项工具来研究城市公共空间的使用情况，从而为城市生活建立其应有的地位。其出发点可能是要找准需要改进的城市空间的地点从而对其实施相应的改造措施，或是评估相应举措的效果，或是评估提升公共空间与公共生活相互作用品质的其他影响方面。

“社区即专家”——公共空间项目（PPS）[88]

源于威廉·H·怀特的工作，“公共空间项目”（the Project for Public Spaces，缩写PPS）建议北美及国外的城市，要特别重视市民对公共空间项目的改造的参与和对话交流。这些项目典型的分布在一些特定的区域。

PPS的创始人兼负责人是弗雷德·肯特（Fred Kent），20世纪70年代他曾在“街道生活项目”（The Street Life Project）的研究上协助过怀特。肯特拥有经济学学士和城市地理学硕士学位，故此他的研究方法毫无疑问具有跨学科的属性。

PPS设立于1975年，但该公司是通过20世纪90年代中期开始的几个项目被广为人知。市民对项目的参与性反射出同一时期人们对有关社会责任议题的关注。虽然PPS方法的特点是通过与市民对话的方式收集资料，如采取访谈和用户参与工作坊等形式，该公司也运用这一方法在城市空间中直接进行观察来作为其工作的基础。

以创造“良好场所”为目标的11条PPS原则中，第一条为“社区即专家”。这些原则在其手册——《如何改变场所》（How to turn a place around，2000年）[89]里有详细的阐述。除了开展具体项目外，PPS还广泛组织工作坊，以及是使用什么工具或者途径去改变市民生活场所的环境条件的。

尽管书中提到的许多其他方法和人物基本上都涉及对人的观察，但PPS的核心原则之一是向人提问并将他们聚到一起进行对话。PPS使用术语“场所塑造”（placemaking）来描述这一过程，这一方法相对而言可以快速且低支出地对公共空间进行小的改进，如改造广场、街道或社区。《优质的邻里空间手册》（The Great Neighborhood Book，2007年）中收录了PPS的大量工作实例。[90]

研究工具之城市发现公共生活研究

在1985—2000年间，城市成为研究方法改进的试验场地。公共生活研究日益融入城市规划实践，由此也促成了新的政策框架。除了纯技术和与研究相关的因素外，许多其他因素也影响着研究的形式，特别是它们这些方法如何被使用和是否被使用。

概括地说，公共生活研究领域的基础性书籍出版于1960—1985年间。1985年后仍有相关的图书出版，但数量较少。随着公共生活研究成为学术机构里设立的领域，专业化研究随之跟进，许多特殊方面也成为研究的内容。这一趋势可以被许多出版的图书所验证，如《宜居街道》（Livable Streets，1981年）、

《如何改变场所》（2000年）

在弗雷德·肯特的领导下，公共空间项目（PPS）鼓励市民积极参与。这个项目将他们所从事的项目以著作的形式出版，以用来启示同行业者，该书也是市民用于创造更好城市场所的工具手册。公共空间项目（PPS）活动的一个重要方面在于教授，为规划和市民在改造场地过程中提供工具。公共空间项目继承了简·雅各布斯和其他帮助构建公共生活研究领域的学者们的行动主义风范。

2000年的《如何改变场所》是一本详述了公共空间项目方法和工具的手册。[91] 它可直接当作模板使用，比如其中附带了清单和实际工具，例如书的背面有用于复制的记录表。公共空间项目的书籍没有提供公共空间和公共生活相互作用的基础知识，而是在如何改变场所条件方面提供了实用的建议。其重点在于市民的参与和改造的过程。

1978年L·克里尔为卢森堡基希贝格高原地区设计了一个平面图，尽管未实现，但却赢得了作为一个参考项目的认可。克里尔的平面图受到阿尔多·罗西的著作《城市建筑学》的启发，这本书于1966年以意大利文出版，1984年译为英文版。作为对现代主义与传统决裂的宣战，罗西呼吁建筑和规划领域的人从历史中汲取建造城市的经验。[92]

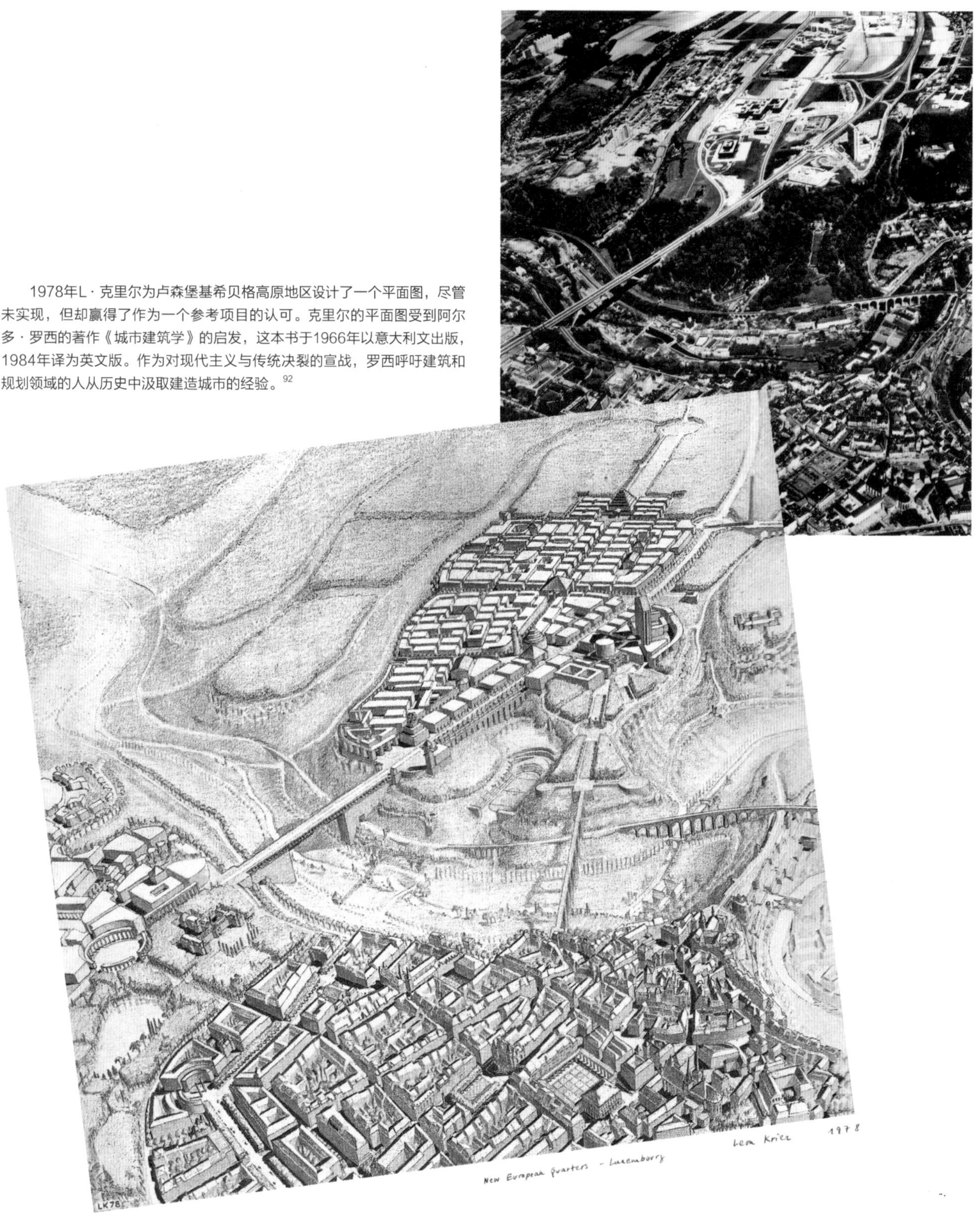

《重视人性化的住宅》(Housing as if People Mattered)(住宅、儿童、老人，housing，children，seniors，1988年)、《阳光、风与舒适》(Sun, Wind, and Comfort)(适应当地气候条件的工作，about working with local climate conditions，1984年)、《观看城市》(关于观察，about observations，1985年)和《再现场所》(Representations of Places)(关于体验与交流的，about experience and communication，1998年)。[93]

从建筑领域转向城市领域

在这同一时期，建筑领域重新发现了传统城市的品质。虽然现代主义的主张一直是居于主导地位的，不过，特别在20世纪下半叶，20世纪80年代出现了回归城市的变化，阿尔多·罗西和克里尔兄弟成为对后现代主义反叛的主要代表人物。[94]

现在随着对城市形态和可持续更广泛内容的关注，有关紧凑型城市(compact city)和传统公共空间类型成为人们谈论和著述的热门话题。在这些人之中，理查德·罗杰斯(Richard Rogers)在其1997年出版的《小小地球上的城市》(Cities for a small planet)一书作出了重要贡献。[95]

新城市主义运动发端于1993年。[96] 像之前公共生活研究的先驱们一样，新城市主义者们与现代主义思潮决裂。二者之间的一个重要区别在于，新城市主义总体上的关注重点在于城市设计，而公共生活研究的重点则是人们的各类活动。公共生活研究的学者们当然也可以像新城市主义者们一样进行常规化和理想化的研究，并且在"良好城市"的探讨中坚守自己的立场。然而，公共生活研究者们更加强调基于许多研究的基础上形成具有普适性的原则。例如，扬·盖尔在1971年《交往与空间》中提出的原则和克莱尔·库珀·马库斯在1988年《重视人性化的住宅》中提出的原则。[97] 这些作者们提出的均为普适性原则，而非特殊性的设计指导。

《交往与空间》的关键概念是集合而非分散，融合而非分离，吸引而非离散，开放而非封闭。[98] 在《重视人性化的住宅》一书中，克莱尔·马库斯列出在设计居住区室外空间时应该考虑的原则，特别是要满足儿童们的需求。[99] 虽然这些原则由盖尔界定，但是克莱尔·马库斯和其他公共生活研究领域的学者被视为是这些原则的遵守者，他们不专注于设计细节。设计的表达方式被认为是次要性的问题：公共生活研究的先驱者们反对设计的程式化。他们关注的重点是公共生活与设计之间的相互作用，而非仅仅是设计本身。

20世纪八九十年代，越来越多的城市接受了对公共生活和公共空间相互作用的考虑。社会关注点开始转向更健康、更安全、更可持续的城市，相互作用的重要性也日益被人们接受。

法国里昂，沃土广场。20世纪80年代末开始，里昂是首批在欧洲进行对公共空间战略性改造的城市之一。[100]

公共生活研究成为主流（2000年—）

2007年，世界上居住在城市而不是农村的人口数量首次超过了半数。这种转变使得对公共空间与公共生活之间的互动的研究日益增加且受到重视，这种研究不仅局限于世界上的所谓发达国家。发展中国家的城市也正经历着爆炸式的增长，这些地方的公共空间研究也在缓慢地取得进步。[101]

可持续、健康和安全是被列入公共生活实实在在议事日程上的全部条款中的一部分。2000年后“宜居性”（livability）这一概念已经常常出现。[102] 它较早的时候就已被唐纳德·阿普尔亚德应用在公共生活研究领域中，例如他在20世纪60年代末所撰写的有关“宜居街道”的文章就使用了这一概念。然而，与此同名的著作直到1981年才出版，该书是由他研究所形成的材料汇集而成。[103]

大众媒体用这个概念来衡量各类城市的“宜居性”，每年推选出世界最宜居城市的名单。[104] 尽管名单的价值和可信度有待讨论，但在这种情况下，重要的是它体现了大众媒体把软实力作为城市间竞争参数的导向。

尽管世界其他地方也用可持续性和生活质量这些术语，在美国，宜居性是城市层面和国家层面的工作概念。[105] 美国运输部长Ray LaHood定义的宜居性如下：“宜居性指可以随意地带小孩去上学，去工作，去看医生，顺便去杂货店或邮局，去吃饭或看电影，抑或和小孩们在公园里玩耍——都不必开车前往。”[106] 因此，美国政府表达了渴望人们摆脱汽车依赖的目标，这在20世纪，尤其是在美国，这近乎是一个神圣的目标。在哥本哈根，这种愿景在2009年被实现，被称作人性化的大都市。[107]

尽管21世纪将“公共空间–公共生活”研究融入政策制定和相关项目规划已经变得越来越普遍了，但并不意味着在项目启动前就已经做过研究或类似形式的系统调查和规划。虽然无数项目在没有得到对公共生活和公共空间相互作用进行充分思考而带来怎样效益的情况下就已经建成了，但是事实已经反复证明了好的质量的城市生活在很大程度上依赖于良好的物理空间环境。然而，越来越多的城市已经将“公共空间–公共生活”调研划定为城市规划过程中不可分割的一部分。

终获首肯的从事“公共空间–公共生活”研究的先驱

虽然早期的先驱们产生了一定影响，但这种影响还是十分有限的。尽管如此，他们在20世纪60年代播撒下的许多种子，在21世纪初开出了花朵，他们的思想随着社区价值观的变化被普遍地接受了。在世纪交替之际，几个可以说明了解人与公共空间关系重要性的论据被列在一起。在20世纪八九十年代，当居民、投资者及游客要求城市具有吸引力、宜居性时，规划师和政治家们洞察到了将公共生活纳入城市中的智慧之举，以便满足提升城市间竞争力的要求。在新的千年之际，他们渴望找出可以解决环境、健康和安全等问题的方案。

简·雅各布斯虽已于2006年去世，但人们仍然认可她开拓性的努力，这一努力引发了人们对为什么必须将公共空间和公共生活作为城市规划的一部分的关注。2010年，《我们所见之事》（What we see）一书作为献给雅各布斯的礼物出版，该书由众多杰出的实践家和理论家们联袂合作而成。[108] 尽管新议题不断出现，但简·雅各布斯的思想仍然与今天的生活具有关联性，也许对全世界和全世界的城市在21世纪所面临问题的思考更具有关联性。

同样是在2010年，扬·盖尔出版了《人性化的城市》（Cities for People）一书，书中回顾了40年以来为城市中的人们创造更好条件所开展的工作。[109] 书中包含了大量的案例，这些案例表明许多城市为了满足人们的需求，把开展对公共空间和公共生

乌尔里希·贝克
《风险社会》(1986年)

联合国
《我们共同的未来》(1987年)

H·巴顿，C·楚罗
《健康的城市规划》(2000年)

《镜片》杂志，
《最宜居城市索引》(2009年)

1900年，丹麦的城市居民占40%

1950年，丹麦的城市居民占65%

2000年，丹麦的城市居民占85%

泡泡图显示了一些占主导地位的、加深了对公共生活关注的社会主题。1986年，社会学家乌尔里希·贝克引入了“风险社会”的概念，而在1987年布伦特兰报告里，“可持续性”的概念得到巩固，并从此成为几乎所有城市发展规划不可分割的一部分。在新世纪的开始，与城市有关的健康问题在城市议程中赢得一席之地，大约在同一时间，“宜居性”的概念被引入。不断加速的城市化是一个反复出现的主题，而城市则被视为必须能应对未来挑战的地方。[110]

活之间的相互作用学习、研究作为重要的工具加以运用。这不仅仅关系到经济、地理：而且其“核心议题是尊重人，尊重人的尊严，对生活的热爱和把城市作为交往空间的权利。在这些领域，来自世界各地人们的梦想与欲望之间的差异并不十分明显。处理问题的方法也惊人相似，因为这一切都归结到人，而人们的基本出发点也是相同的。所有的人都会行走，都有感觉器官，有对活动的选择和共同的基本行为模式。文化之间的相似性则远大于其差异性。”扬·盖尔写道。[111]

可持续、安全与健康

在21世纪中，可持续的概念已经从狭窄的环境视角扩大到社会和经济的可持续。要更深一层探寻如何能够使人们选择骑自行车或步行代替污染环境的汽车出行策略，则需要获取更多有关公共空间的社会与经济凝聚力的基本知识。创造一个人人可以徒步到达城市各处的目标，是公共生活研究思想体系的一个基本组成部分。

2001年9月11日纽约市世界贸易中心的恐怖袭击事件引发了人们对城市恐惧和安全问题越来越多的关注。从那以后，人们努力创造更加开放、包容、全天候可用的公共空间。不幸的是，对安全的关注也导致了相反的结果：门禁系统封闭的社区则将公共生活拒之门外。

公共空间的视频监控（Video-monitoring）也发挥着日益重要的作用，由此涉及的道德方面问题也是这一时期的热门话题。当目标是创造具有安全感的城市时，研究如何利用好城市自身的结构就变得重要起来。这与公共生活的研究是紧密相关的。

在公共空间中集结

2011年是见证全世界示威游行的一年。阿拉伯国家的示威活动覆盖了整个政权，同时西方示威者将他们的愤怒指向金融行业的鲁莽行为和在全球金融危机中的责任。尽管许多新社交媒体起到了突出作用，公共空间仍是一个重要集合的地点。

2011年1月，超过30万人占领了开罗解放广场附近的街道，而开罗是埃及抗议、示威反对穆巴拉克统治的中心。在巴林首都麦纳麦的中心，一个有纪念性雕像的交通枢纽成为反政府抗议活动的集合地。纪念碑和广场随后被推土机夷为平地，取而代之的是安装了交通信号灯的路口，以避免其再被作为集合场地使用。[112]

2011年春，紧随于2007年开始的全球金融危机之后，许多西班牙城市也有人抗议，反对社会中日益严重的不平等现象。从2011年9月中旬至11月中旬，位于纽约市金融区中心的祖科蒂公园为对全球经济不满的人占领华尔街运动提供了游行的场地。此处，同样的，公共空间不仅具有象征意义，而且还是人们面对面交流的地方。[113]

2011年10月，纽约市祖科蒂公园，占领华尔街示威活动

2011年春，巴林麦纳麦，珍珠广场

安全性始终在公共生活的研究中起着至关重要的作用。对简·雅各布斯而言，安全是中心议题。她把创建宜居城市和安全城市相提并论，因为“街道上的眼睛”（eyes on the street）和对邻里生活的兴趣可以帮助预防犯罪。[114] 建筑师和城市规划师奥斯卡·纽曼（Oscar Newman）在《防卫性空间》（Defensible space，1972年）一书中，强调了犯罪预防问题与设计和公共空间规划的关系。[115]

在城市规划领域，安全性也一直是人们持续讨论的话题。例如，基于迈克·戴维斯（Mike Davis）对一本关于洛杉矶的书《石英城市》（City of Quartz，1990年）的讨论 —— 基于“风险社会”（risk society）概念的更具一般意义的社会维度的讨论。“风险社会”的概念是由德国社会学家乌尔里希·贝克（Ulrich Beck）在1986年提出来的。他使用这个词来形容与全球化结果联系在一起的恐惧、环境灾难的威胁和新技术潜在威胁的不确定性。[116]

健康是另一个在新千年中启发人们越来越多地公开辩论的议题，也是关于城市该如何被设计的问题。这一态势折射出在人口中日益增加的肥胖症、糖尿病、冠心病和其他与生活方式相关疾病所占的比例。

在21世纪，随着人们对日常锻炼缺乏问题的关注，健康日益成为一个议题，建成的物理环境对日常生活则起到了决定性的作用。政治家和城市规划师考虑如何通过改变城市设计的方式让人们的日常生活更多地动起来，因为在城市空间里，步行和骑自行车不仅仅是一种环境友好型的交通方式，而且还可以提升城市安全性。同时有助于促进健康的提升。

作为示威游行和公共集会舞台的公共空间

2011年阿拉伯之春（Arab Spring）见证了一个事实，公共空间仍是公民可以聚在一起表达民主的地方。在许多阿拉伯国家里，挤满街头的民众反抗不民主的统治者。

在埃及，开罗解放广场就像是吸引热衷于游行示威民众的磁铁。在巴林的首都麦纳麦，珍珠广场是一个交通枢纽，也是民间示威行动的舞台。后来，在2011年巴林政府将广场改为十字路口，下令军队拆毁了广场中央的纪念碑，以防止这里被进一步用作示威者的集结点。举这些例子，是为了强调公共空间对民众意愿的表达一直都具有重要的意义。[117]

公共空间一直传承着其民主、文化和象征性的重要意义。尽管在新千年里，新媒体和虚拟平台也可用于召集民众，但是公共空间作为人们面对面聚集的地方一直发挥着至关重要的作用。

公共空间研究中心

在经历了一个大量公共空间研究与城市具体项目合作得以发展的时期之后，人们才逐渐认识到在这一领域需要开展基础性的研究工作。2003年，由扬·盖尔领导的公共空间研究中心在哥本哈根的丹麦皇家美术学院建筑学院建立起来。雷亚尔达尼亚基金会（Realdania Foundation）资助这一新成立的中心，其宗旨在于“增进我们在探寻建造富有活力、吸引力和安全性城市环境途径方面的知识”。[118]

该中心被赋予的任务为创造知识，即可以提供一个对公共空间进行定性规划和设计的平台。通过选择关键性的研究项目和培训青年研究人员，以获得更多有关公共空间与公共生活之间相互作用知识为清晰目标，中心希望助力发展公共空间研究领域：“我们对什么成就良好公共空间方面的知识知之甚少，而且国际上也是如此。我们需要可以为公共空间进行定性规划和设计提供平台的研究。多年来城市活动的特点在发生着变化，新的用户群体不断出现。公共空间中的公共生活过去被必要性活动所主导，如今可选择性和娱乐性的活动则居于日常的重要位置。我们工作、生活及娱乐的方式为我们城市创造出新的需求。”[119] 这个出发点必须成为发展城市生活中需要仔细研究的内容。

《新城市生活》（New City Life，2006年）这本书记载了公共空间研究中心的一个研究项目，记录了公共生活在十年间到另一个十年间的逐渐变化情况。这是首次对哥本哈根所有区域的公共空间进行的研究，涵盖了从城市中心区域到城市边缘地带。在20世纪七八十年代，人们待在城里的原因往往是有其特别的目标和活动，如购物。与此相对照的是，新世纪第一个十年中期时对公共空间的研究则表明，城市生活——被理解为城市中正在发生的活动和人们所见到的正在进行的一切及所见到的整体社会——本身已经变成具有人们所期盼的品质了。休闲娱乐活动变得尤为明显，从城市空间所配备的家具情况可以反映出这种变化：例如逐年增加的咖啡座椅数量。此外，20世纪90年代在中心城区和新世纪在中心城区外围小区兴建的公共空间扩大了研究的区域范围。新公共生活研究的结果和研究区域的扩大强调了进行公共空间和公共生活研究，以及二者相互作用研究时，要拿捏好研究的范围以及变化着的公共空间与公共生活的互动关系。[120]

城市通常没有用于支持这种基础性研究的预算。因此，寻找另一种途径，以确保公共空间研究方法被发展，且基础研究得以实施是至关重要的。

公共生活的研究获得了越来越多的国际认可。虽然其研究范围的特征宽泛，但公共生活研究领域仍被视为已经确立。在高等教育的院校中它并不是一个界定明确、位置固定的领域，而是与很多领域研究融合的元素——不仅仅是建筑专业，还在技术类院校、文化领域跨学科研究中相融合，例如与人类学、社会学和地理学的合作中有所体现。

新技术——新方法

在21世纪，新技术促进了在公共空间里公共生活间相互作用研究方法的进一步发展。在2000年左右，互联网在数据收集和传播技术的发展方面产生了质的飞跃。虽说新的技术机遇为研究公共生活提供了更多的可供选择的方法，但观察法依旧很重要，即使有些研究中人们可以使用照相机、手机或GPS发射器。

20世纪90年代中期开始的互联网扩张让人们更容易获取了解城市生活特点的数据，例如一般意义的GPS信息和统计数据的形式。谷歌街景（Google Street View）软件可以从人的视角提供生活的快照，它是一个无须掌握太多技术、人人都可以使用的程序。[121] 与其他昂贵的技术软件不同，谷歌街景是免费使用的。技术的不断发展，使新的技术方法越来越廉价和易于使用。

GPS跟踪

与其跟踪尾随，跟踪研究可以借助于全球定位系统（GPS）设备。GPS设备和定位程序一起可用于收集人们移动的轨迹，以及移动和静止的持续时间。GPS由美国军方研发并于20世纪90年代中期服务于民用。从那时起，几个其他的服务功能被相继开发，例如记录人们慢跑的路线，越来越多地用于研究城市中的人类活动。这项技术在大范围和长周期的测绘中特别有用，因为在这些情况下进行实际跟踪需要大量的人力。

丹麦奥尔堡大学亨里克·哈德开展了一项GPS技术应用于记录公共空间人类行为的项目。哈德研发了一种应用程序，当使用特殊GPS设备和有GPS设备的电话时，该程序记录轨迹并且配备了在行进过程中进行提问的功能。[122]

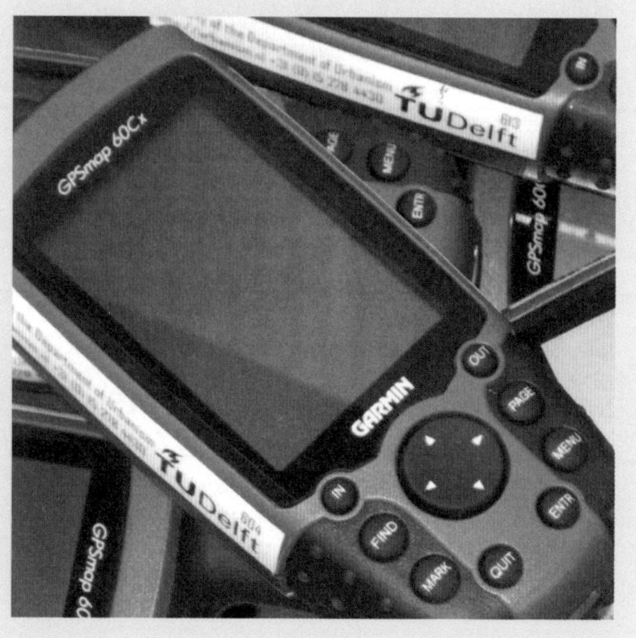

技术类大学——GPS记录

在20世纪60年代和70年代自公共生活研究伊始基本上就是挂靠在建筑院校里。然而，自21世纪开始，主要是来自技术类大学的研究者们便将追踪人类行为的观察技术引入进来。比如，GPS记录的追踪技术，可以揭秘人们去过哪里，他们在哪里停留过和停留了多长时间。

与手工记录相比，GPS发射器可被用于在较大的范围和较长的时间内记录人们的运动和停留情况。发射器可以提供一个人位置的更为精确的信息。然而，由于存在着大约3—5米的误差，使得这一技术不太适合于精确记录人们在广场上的位置，或是识别出人们是在建筑物的外面还是在里面。

GPS定位可以勾勒出大体的图景，比较典型的是被用于记录公共空间中人们的运动情况，被记录人需要佩戴发射器。换言之，他们必须自愿参加记录并佩戴发射器，这点比简单的人工观测更为烦琐一些。此外，这一设备相对昂贵。这也许会随着GPS发射器被扩展植入手机而发生变化，这一装备将会变得无处不在。[123]

在公共生活研究中使用GPS的先行者们主要分布在大学里，尤其是荷兰代尔夫特理工大学（Technical University of Delft）的斯特凡·凡·德·什佩克（Stefan van der Spek），他联合麻省理工学院（MIT）、耶路撒冷的希伯来大学（Hebrew University of Jerusalem）的诺姆·肖瓦尔（Noam Shoval）和丹麦阿尔堡大学（Ålborg University）的亨里克·哈德（Henrik Harder）一起，当然还有其他人，他们已经应用这项技术在地图上标记人们在公共空间中的活动。

数学方法——空间句法

空间句法（Space syntax）是一套用于分析空间结构的理论和技术，起初是作为一种工具来帮助建筑师模拟他们的设计可能对社会产生的影响。与直接观察生活来研究人们的行为不同，空间句法是通过数学模型间接地观察生活。模型通过处理数据来预测人们可能会去什么地方，可能会采取什么方式和他们多长时间会去一次。空间句法方法的目标是进行预测和预测走向。

空间句法的最重要的工具是计算机程序，即按照人们行为的选择原则来编制程序。而原则则是基于观察获得的数据。因此，尽管空间句法并没有作为工具用于城市本身，但对人们行为的直接观察所得到的数据，可以用作绘制地图和人们选择哪条路径的基本依据。与城市结构有关的人们如何移动的知识将被编写进计算机程序用于空间句法；例如，可以计算出有多少人将会在一条指定街道上行走的概率。

由比尔·希列尔（Bill Hillier）等人合作出版的《空间的社会逻辑》（The social logic of space，1984年）一书是空间句法的教科书。[124] 该书书名反映了希列尔及其位于巴特利特的伦敦大学学院（University College of London，at The Bartlett）的同事们为寻求逻辑性而对数学的关注。此书出版于20世纪80年代中期，但到21世纪初，计算机程序的开发能够处理大量的数据，空间句法才将公共生活研究列为应用的目标。

希列尔是建筑和城市形态学教授，被称为空间句法学术之父的标志性人物，而建筑师蒂姆·斯托纳（Tim Stoner）是空间句法的主要实践者。1995年斯托纳在伦敦大学学院建立了空间句法实验室，转年他成为空间句法有限公司的总经理，实验室的私人咨询机构。如同公共空间研究领域的其他方面一样，空间句法的运用与其研究和实践间的交替进行密切相关。近年来，空间句法的方法已经在许多国家使用，空间句法的方法论也已经从只注重移动转向功能及建筑密度等因素。[125]

典型的空间句法出版物常有许多彩色地图，以显示道路在社区或城市的什么地方进行连接。颜色越暖，在该区域提高运动性的潜力也就越大。连接线的多少也依密度不同而不同。例如，一条与其他许多街路连接的街道是可以从多个地点进入，这种情况通常用很多红色的交叉线表示。相反，一条街路不与其他街路相连的死路，通常由一条细蓝线孤零零表示。

对非专业人士来说阅读空间句法地图也许有困难。空间句法的研究比手工进行的公共生活研究更为抽象。因为该方法本身取决于数学要素及计算机编程需要处理的数据，所以对专业知识有更多的依赖性。虽然空间句法代表城市生活与形式之间相互作用的研究，但它是以具有基本价值观的传统手工的公共生活研究为出发点。对传统主义来说神圣不可侵犯的是：应该从视平线上观察和描绘城市；处身于城市中是理解公共生活与形式之间相互作用的先决条件；理想的情况下，交流沟通的方法和方式都是依赖于简单的工具。

咨询公司空间句法（Space Syntax）通过分析奥运区域内部和周围的联系，对奥运城市伦敦斯特拉特福德市总体规划（2012年）的发展作出了贡献。

这份地图是在电脑程序提供的信息的帮助下制作的，相关信息包括行人、骑车者和开车者会选择这条路线或另一条路线的概率，以及哪个公共空间和公园被使用的概率最大和最小。色阶显示出结果，蓝色表示最不可能，而红色表示最有可能。关于这份地图，空间句法公司的常务董事蒂姆·斯托纳写道：

> “这张地图充分体现了伦敦的精髓：人们在空间中移动和互动；分享故事和想法；交易，创造和创新；一个在街道和公共空间中上演的社会和经济网络。”[126]

该地图说明了空间句法公司的研究出发点是公共空间和公共生活间的相互作用。然而，信息的呈现方式并非典型的公共生活研究方式所关注的视线范围之内的城市生活和场景。相反地，空间句法公司呈现了一个更依赖于技术、逻辑和抽象性概念的公共生活研究的途径。

自动或手动数据采集

这些关于GPS记录，空间句法和公共空间研究技术发展的一般性影响的段落写于2012年，从总体上看，拥有先进技术的解决方案仍处于起步阶段。要确保生成可靠结果和能够设计出计算海量数据的软件，前面提及的技术挑战和关键，这会对非专业人员参与研究工作产生一定的限制。这种专业化的类型与强调简化工具和人人都可以参与的“伯克利和哥本哈根的公共生活研究学派”形成了鲜明的对比。这并不意味着新技术不会对未来公共空间研究作出有建设性的贡献。在未来数年内，人们有理由期待研究设备的价格将会大幅下降，设备使用和后续数据处理将会被简化。这一发展可能意味着空间句法、GPS研究和类似的方法将成为越来越多的人触手可及的工具。目前，研究公共空间和公共生活的自动化和技术化的工具主要是在技术类大学内使用。

自动化数据采集手段意味着观察者不必再亲自现身在公共空间里，这会影响到后续对数据的解读。我们通过谈论抽象数据或是在现场观察到的有形数据，就可以进一步阐释更为微妙的内涵吗？生活是多种多样和不可预知的，它的细微差别和复杂性是无法真正被自动化设备的采集方法所捕捉到。

对传统的以人工为出发点的公共空间研究者来说，研究方法开发的一条基本原则是，调查人员需走进城市去体验并发现（事物间的）联系，去观察公共空间和公共生活之间的相互作用。

在21世纪，为了研究生活和工作条件，城市形态与生活之间达标的联系被认为是理所当然的。现在我们有自动化广泛可选择的方法，更便于关注曾经被我们所忽略的东西。然而，事实表明我们远未达到能理所当然地认为我们已经能够让城市形态和生活互动起来了的标准。成功需要我们敏锐、坚持和专注地掌控城市生活。

《空间的社会逻辑》（1984年）

1984年，空间句法之父比尔·希列尔，与朱利安·汉森合著了《空间的社会逻辑》一书，此书被认为是空间句法的教科书。[127] 他们研究了社会生活和城市结构之间的联系，并且，正如标题所暗示的，他们的出发点既不是基于个人的原因也不是像其他许多公共生活研究先驱者那样的活动家。他们通过观察人们如何在公共空间中走动或者利用GIS数据来反映社交的逻辑。他们的目标是将数据量化到一定程度，使得数据在计算机程序的帮助下，可用于计算人们在现有的和未来的建筑和城区内向某一方向或另一方向行走的概率。

希列尔此书的出版，标志着基于新技术的公共生活研究领域的出现。这是一种始于20世纪80年代的更抽象、更基于逻辑的公共空间和公共生活的研究途径。

城市生活的回顾

中世纪，建设城市主要是围绕人们的需求来进行。技艺、知识和经验是靠上一代人向下一代人传递进行的，并应用在中世纪城市的公共场所和公共生活中，在那里人们出行全靠双脚。

现代主义和汽车的兴起转移了人们对城市中生活的关注。从20世纪60年代开始，许多研究人员回应了这种转变，他们的著述和方法奠定了公共生活研究的基础。他们的出发点是走进城市，去观察城市生活，并从观察中学习。

为与社会发展的进程和改变保持一致，城市议会和规划师们变得更愿意接受公共生活的研究，以便于增强始于20世纪80年代末的城市间的竞争实力。各种柔性的主题如可持续发展、健康和社会责任开始占据城市议程的首要位置，使得城市公共生活研究更加重要。而各类刚性的价值，例如经济上，也鼓励政府部门把“公共生活–公共空间”研究作为一种工具来记录城市生活的发展，（以期）在日益加剧的城市间竞争中不断吸引纳税人、游客和投资者。虽然对公共生活与公共空间互动的研究工作变得越来越习以为常，但公共生活研究也绝不是21世纪初每个城市的工具箱里都具备的。

视平线范围内的跨学科观察

直接观察是研究公共空间和公共生活相互作用的基本工具。其观察的视角是从行人（高度）的角度来审视城市，而不是从飞机上或计算机屏幕上生成的线条来看的抽象图。能够从视平线是高度审视城市需要一些技巧，以便有资格从研究与实践的辩证关系角度来衡量城市生活和空间的相互影响。

从事“公共空间–公共生活”这类研究的基本上是来自盎格鲁–撒克逊和斯堪的纳维亚的研究人员。他们以与理论联系较为松散的实用方法而闻名，这可以被理解为他们没有受到既有学术语境的束缚。回顾既往，有人可能会问，“公共空间–公共生活”的研究是应该被放进20世纪60年代所理解的马克思主义的框架之中，还是在20世纪末受法国哲学启发的基本理论语境之下呢？这些和其他的理论平台都可以被作为备选项，但对“公共空间–公共生活”的先驱者来说，他们更偏重于实用性而非理论性。

他们的观点是走进城市，从研究与实践的辩证关系出发学习和发展研究方法，而不是当作学术构架中的一个领域来写关于公共生活的研究。正如简・雅各布斯写道：“在城市建筑与城市设计中，城市是承载试验和错误、失败和成功的巨大实验室。这是城市规划应该从中学习、形成并检验理论的实验室。”[128] 在后来的岁月里，盖尔、怀特和其他许多人都遵循了简・雅各布斯的主张。

从垂死的大都市到人性化城市

许多已出版的关于公共空间和公共生活研究书籍的题目，反映出了从呼吁对公共生活研究到推动这一研究领域确立的发展过程。

1961年简・雅各布斯已在《美国大城市的死与生》一书中发出呐喊。十年之后，扬・盖尔出版了《交往与空间》（1971）一书，书中通过汇集更多知识，把公共生活研究变得系统化和可操作化。在接下来的二十年里，建立和传播有关研究公共生活和其与公共空间相互作用的基本知识和方法成为研究者的目标。1980年怀特出版的《城市小空间中的公共生活》一书（阐述）的本质就是生活。需要提升（公众）对仍在延续的城市规划中对公共生活缺乏考虑的意识，正如马库斯1985年出版的《重视人性化的住宅》一书易引发歧义的书名一样。

一旦人们认识到城市中公共生活的重要性和认真对待城市生活的必要性，书名中就开始出现了公共生活研究的另一半内容——公共空间，特别是针对社区和特定的场所的研究。怀特研究了城市小空间，盖尔研究了（城市）建筑物之间的市井生活，而艾伦・雅各布斯选择了研究街道，在1995年出版了《伟大的街道》一书。自2000年以后，盖尔和吉姆松将研究的关注点转向了他们新书《新城市空间》（New City Spaces）中的内容，该书名中没有出现公共生活的字眼，同样公共空间项目

（PPS）在2000年出版的《如何改变场所》一书中也没有出现类似的字眼，尽管PPS的方法中有对用户的密切关注。这一切见证了“公共空间–公共生活”研究已经逐渐在建筑和城市规划领域成为被确立的学科。如此一来，它与社会学和心理学也不再像20世纪60和70年代时那样紧密了。另一个解释是，作为已经成为确立起来的研究领域，研究人员和出版物也都变得更为专业化。

从历史的角度来看，（有关公共生活研究的）书名反映了该领域的逐步建立。更多（关于研究公共空间和公共生活方法的）书籍出版了：例如，艾伦·雅各布斯的《观看城市》（1985年），其中涉及观察方法；博塞尔曼的《再现场所》（1998年），其中涉及公共生活的知识传播问题，还有盖尔和吉姆松合著的《公共空间·公共生活 》（Public Spaces，Public Life，1995年）书中的精彩部分也是关于研究公共空间和公共生活互动方法的。

历史到了见证将过去40多年积累的对哥本哈根公共生活所做研究展示出的变化的时候了。2006年盖尔和吉姆松等人再次着手这一主题，但这次（他们）将焦点聚集在新城市生活上，因为公共生活的特点表现在已经从必要性的活动转变为选择性的活动。

在2008年，博塞尔曼在《城市演变》一书中通过收集的大量公共空间和公共生活间相互作用的研究资料，（为我们）提供了对公共生活（发展）的研究历程回顾。2010年，扬·盖尔在他的《人性化的城市》中，总结了40年来对公共生活研究（的成果），并提供了从20世纪60年代末至今的世界各地许多关于公共空间和公共生活之间相互作用的不同案例。（持续）几十年的研究工作事实已经记录在案，可以证明这一领域已经被建立起来。与此同时，先驱们的呼吁仍在公共空间和公共生活研究领域中不断地回响着。

瑞典马尔默B001滨水区是一个范例。在这个区域，公共空间和公共生活间相互作用的知识被应用于总体规划、单独的城市空间以及建筑设计之中。其结果是当代的设计表现手法造就了一个有吸引力的区域。

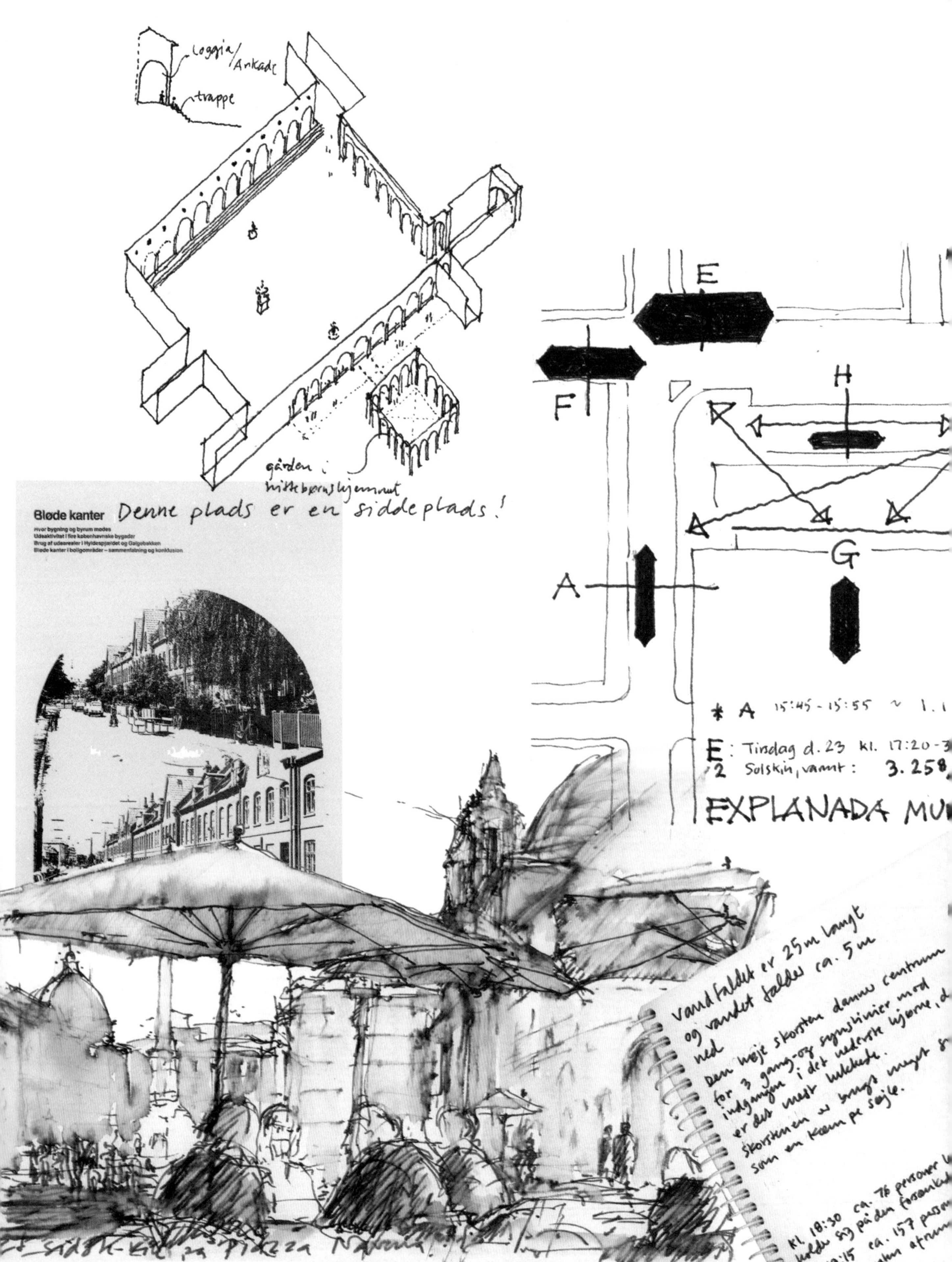
Loggia/Arkade
trappe
gården i mittebørnshjemmet
Denne plads er en siddeplads!
Bløde kanter
Hvor bygning og byrum mødes
Udeaktivitet i fire københavnske bygader
Brug af udearealer i Hyldespjældet og Galgebakken
Bløde kanter i boligområder – sammenfatning og konklusion
E
F
H
G
A
* A 15:45 - 15:55
E Tirsdag d. 23 kl. 17:20
2 Solskin, varmt : 3.258
EXPLANADA MU
vandfaldet er 25 m langt
og vandet falder ca. 5 m
ned

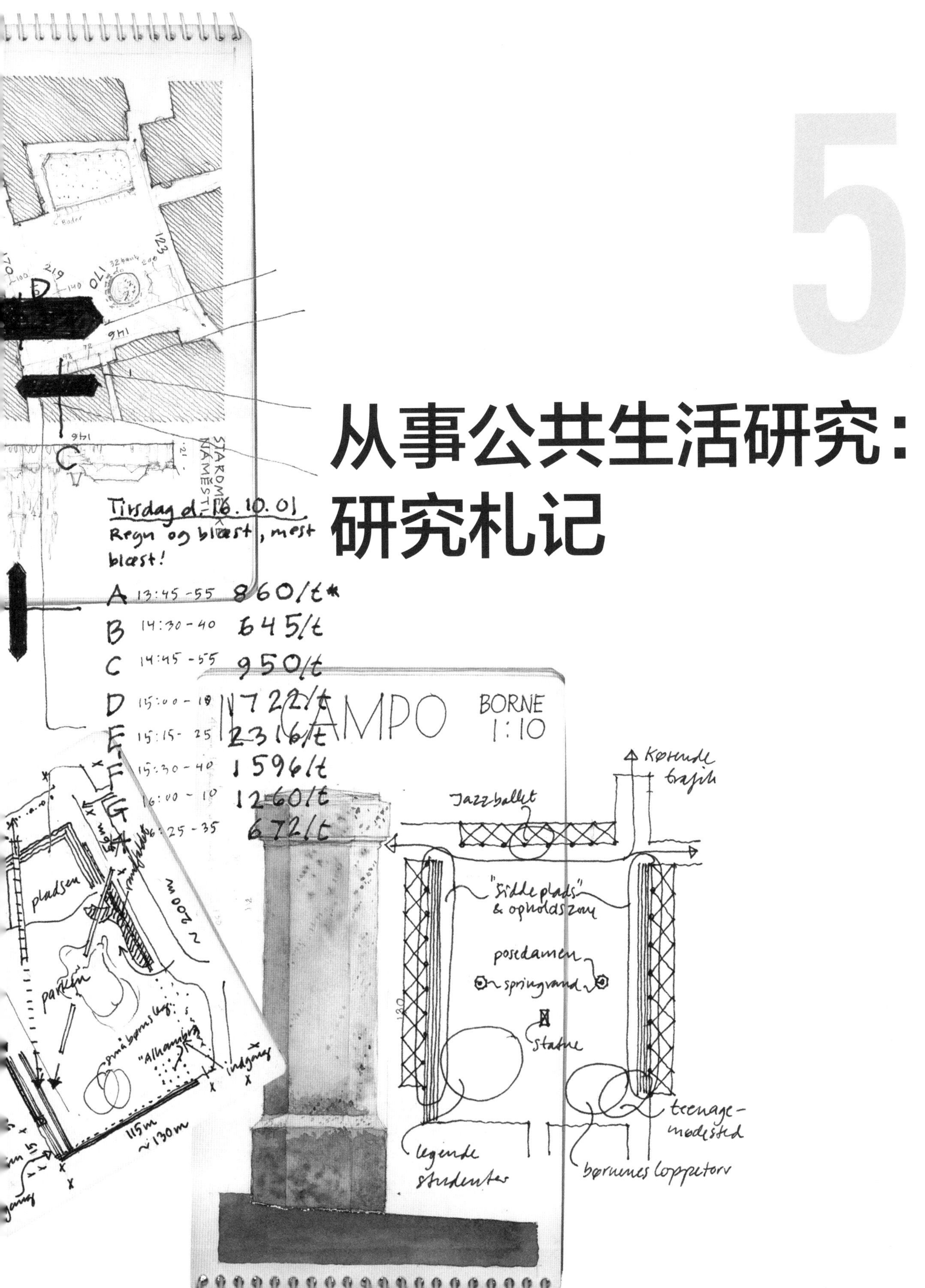

5

从事公共生活研究：研究札记

海盗

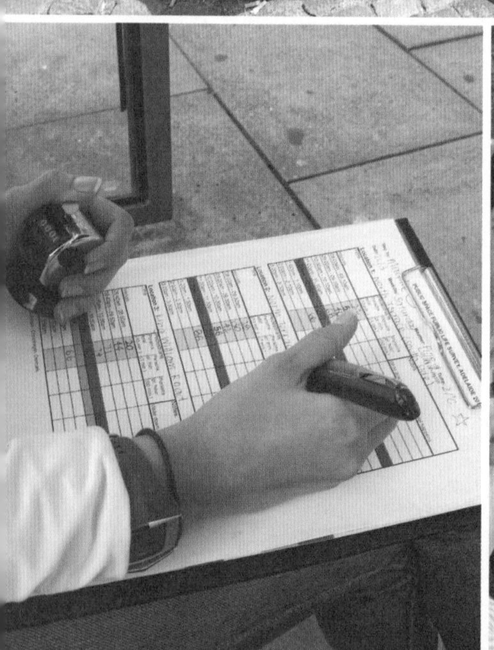

COFFEE
SPECIAL
Reg $3.00
Large $3.50
VIVALDI
J.S.BACH
MOZART

VISA

研究人们在公共空间里的言行举止，仅仅通过阅读工具的使用说明或应用某些理论了解到的情况是一回事，而在现场实地中观察到的现象则可能是完全不同的另一回事。

在本章中的参考文献就像从笔记本中撕下来的纸页一样，这些纸页记录了为什么以及如何选择这些研究工具、哪些区域应被确定为研究的对象等内容。汇集在一起各种札记为读者提供了有关公共生活研究广度的图景，同时这些个案又可以给研究带来某种启示。

这些简要的研究札记描述了“公共生活-公共空间”研究中工具的开发和使用情况。在追溯发展历程方面，这些故事的讲述被尽可能追溯得久远些，从那些工具经常被开发的研究领域到被运用于个例中的情形。描述的重点在于这些工具的选择、发展与使用，而不是个案研究的结果。其中的一些参考文献只是对大型研究项目中部分内容的描述。

这些案例为研究公共生活与公共空间之间为什么以及如何互动提供了第一手的记录。这些案例主要是来自作者和盖尔建筑师事务所其他人的研究，同时为了说明其他的研究方法与视角，还包含了其他的相关案例。

每个研究札记都是由一个标题及其纪实性信息构成的，谁开展了该研究、是在何地如何进行的，如果该研究已出版会标明来源。最初的参考文献会被收录，以方便读者查找。

公共生活研究工具的开发、调整基于不同的案例和当地的城市背景，以适用于特定的背景的调研。左边的照片显示了不同城市的观察者：左上，1978年在澳大利亚西部珀斯的研究；右上，2010年在中国重庆的观察调研；左中，2011年澳大利亚阿德莱德，计数过程的特写；右中，2013年扬 · 盖尔拍摄于澳大利亚墨尔本；下，2010年印度钦奈，公共生活调研 。

驻足的良好场所

—— 公共广场驻足地点偏好研究

研究者： 扬·盖尔
地点： 意大利阿斯科利皮切诺波波洛广场
时间： 1965年12月10日（星期五），下午5点30分
方法： 行为地图标记法
出版物： 扬·盖尔与英格丽德·盖尔合著，《城市中的人们》（Mennesker i byer，丹麦文）《建筑师》杂志（Arktekten）1966年第21期[1]

公共空间的活动从本质上可以被分为短暂式和持续式两类。短暂式活动可以直接通过使用一个计数器记录在选定路线走过的行人数量。对于持续式活动的测量则需要运用其他方法。行为地图是一个非常适用于小型空间的简单研究工具。

1965年在意大利阿斯科利皮切诺镇开展的“驻足的良好场所”研究中运用了这种方法。通过绘制出广场上所有未走动的人的位置，观察者只需要记录一次便可以得到对于好的驻足地点的整体印象。

那是在12月份较冷（9℃）的一天，波波洛广场下午5点30分记录显示有206个人，其中105人正走动穿过广场，其余101人站在广场上。这个研究不到10分钟的时间就完成了。

如同其他类似的研究，在阿斯科利皮切诺广场的这个研究表明了行人通常是以对角线的方式穿过广场，而站立的人们都仔细地选择了空间边缘的位置。

拱门的柱子旁、拱门之下或者沿着建筑立面的地方明显为驻足首选。就广场而言，所有驻足的人们都在交谈着。如果某人是在镇上走动时遇到了熟人，他们倾向于驻足并且在他们相遇的地方交谈，即使是在广场的中央也是如此。

类似这样的研究使得空间边缘的重要性得到了关注，从此为我们理解公共生活与公共空间之间的相互作用扮演了关键角色。

在波波洛广场的研究中，行为地图被用于记录持续性活动，建筑、空间布局、人群周边等人们或多或少的驻足都被标记出来，这些研究清楚地证明了日后被形容为的“边界效应”：即人们更倾向于在空间的边界驻足的事实。[2] 行为地图可以清晰地展示人们如何在指定的公共空间中停留。

平面图和照片：1965年，意大利阿斯科利皮切诺，波波洛广场。

上：行为地图用于显示人们所站的位置；在指定时间点广场上站立的所有人都被标示于平面图上。

下：“在这片昏暗中或柱子旁边，人可以在场却不显眼，可以看见正在发生却有部分保留的一切。”[3]

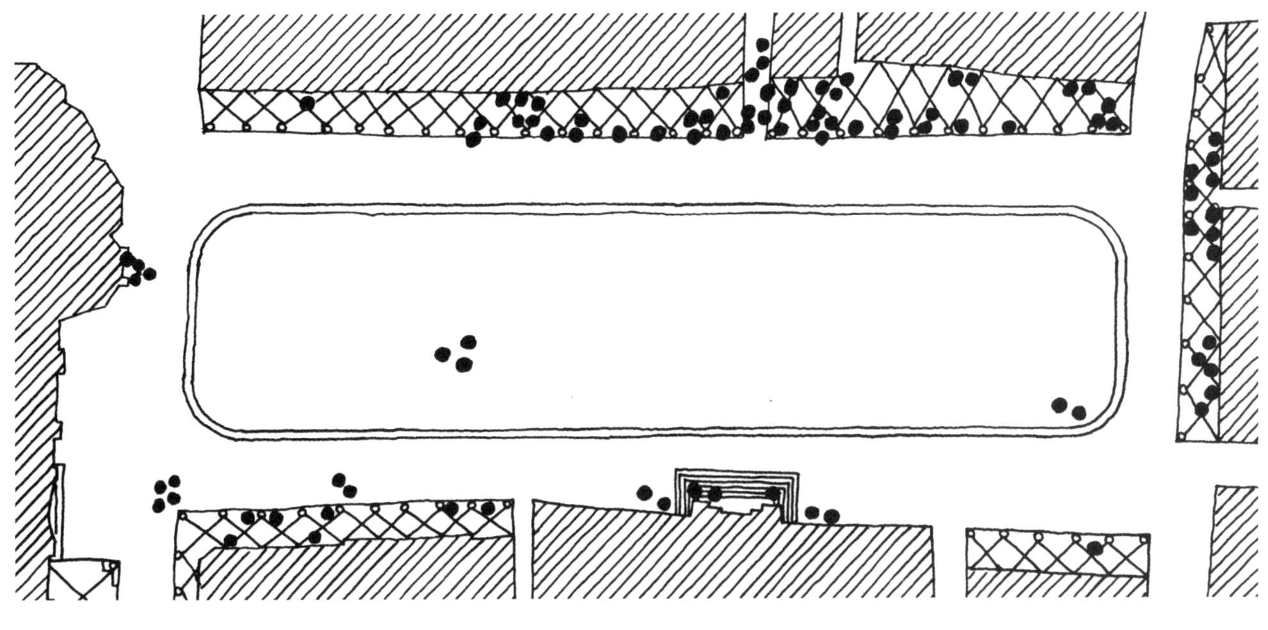

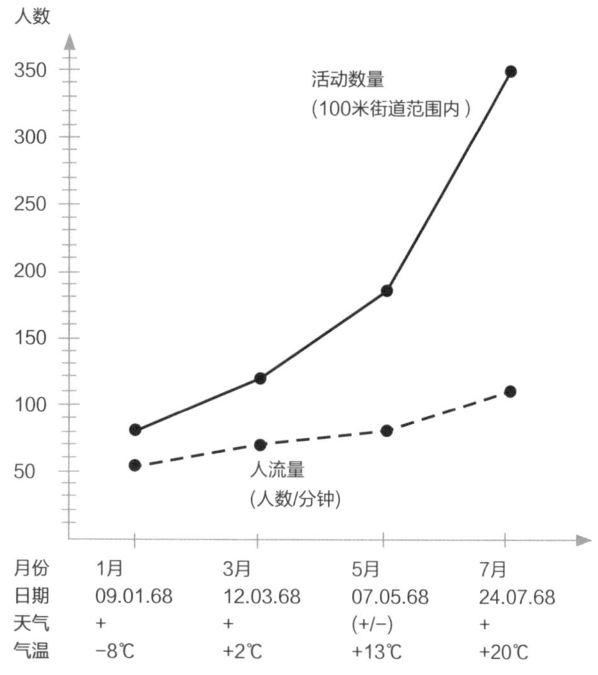

原文摘自《建筑师》1968年第2期

图表显示了1月到7月，哥本哈根主要步行街斯特勒格特（Strøget）上，人流量与活动水平（拥挤度）之间的关系。虚线表示每分钟的人流量（白天）。实线表示每100米内行走、站立和坐着的平均人数。像这样包括了人数和停留时间的记录，可以用于评估步行区的活力。

1. 1月9日下午3点，−8℃，斯特勒格特步行街上的活动。人流量是每分钟70人，平均步行速度是62秒/100米。天气很冷，人们不得不持续走动来保暖。单独的行人在视线范围内的时间是124秒。

2. 7月24日下午3点，+20℃，斯特勒格特步行街上的活动。人流量是每分钟125人，平均步行速度是85秒/100米。一个行走的人在视线范围内的时间是170秒。单纯速度的减缓意味着在夏季的，即使是相同的人流量，街上所见的行人增加了35%。[4]

哥本哈根的主要步行街斯特勒格特，1967年的冬季和夏季。

谁在行走、走多快、何时走?

对行走速度、人群类型与季节的研究

研究者：扬·盖尔
地点：丹麦哥本哈根市斯特勒格特（Strøget）步行街
时间：1967年1月、3月、5月和7月
方法：跟踪记录法
出版物：扬·盖尔著，《站立着的人们》，（Mennesker til fods，丹麦语）《建筑师》杂志1968年第20期[5]

了解人们在公共空间行走得多快在很多层面上都是有重要意义的。5分钟的步行可走不同距离，这主要取决于行走速度。为了研究季节对步行速度的影响，在1967年扬·盖尔（分别于）夏冬两季对哥本哈根市的主要步行街斯特勒格特进行了研究。

1967年，在步行频率谱上速度较快的一端，通过这条步行街的（行人）主要为目的地明确的步行者，基本上都是单独行走的男性，速度为48秒走完100米（125米/分钟）的距离。一位快速的行人通常能够在5分钟内走完500米的距离，速度是6公里/小时。

在步行频率谱上速度较慢的一端，是年长者、残疾人、带着年幼孩子的家庭，以及以稳定速度漫步的行人们。其中记录到的最慢步行者是一名正在巡逻的警察，他以137秒走完100米，速度是2.5公里/小时的距离。

城市街道上行人的步行速度可以通过简单的跟踪记录法来记录。观察者首先要量出一段100米长或200米长的距离，在这段距离起点和终点的位置用粉笔做上记号会有帮助。然后，观察者掏出秒表，对每位在测量距离范围内的步行者进行跟随与计时。自然地，观察者需要与观测对象保持适当的跟随距离。观察者需在到达粉笔标注的起点之前调整好与被观测对象一致的步伐，并用秒表去记录每位被观测对象走完该距离所用的时间。

选择和记录最快与最慢行人的行走速度是（比较）容易的，但测定在指定范围内所有人步行的平均速度通常也是必要的，这也使得跟随大量随机选择的被测试对象，比如100人。随机选择可以通过系统抽取的方式进行，比如以进入“测试区域”的任意5个人为一组进行跟随，直到观察者得到用于计算平均数值所需的足够大量的数据。

一旦观察者统计出了平均步行速度，那么一天、一周乃至一年内的种种有趣变化便呈现了出来。在哥本哈根主要步行街斯特勒格特，人们在早晨和下午的时候步移速度最快，而在白天的中午时段速度则较慢。正如人们期待的那样，人们在工作日要比周末时行走得快一些。

就全年的情况来看，步行速度也有较大的变化。在斯特勒格特步行街，在冬季寒冷的月份中人们行走的速度相对于夏季要快一些。1月份中一天的平均步行速度是62秒钟步行100米的距离，而在7月份步行同样的距离，则需要85秒钟。很自然，天冷时人们要走得快一些，为的是保暖。另外，与夏日很多人为了寻求愉悦而漫步在街上不同，人们冬季在街上行色匆匆更是因为具有目标导向性。

步行速度在人们感知公共生活中起着重要作用。当行人匆忙时，他们就会快速从（观测者的）视野中消失；相反地，沿街闲逛的行人则会在观测者的视野中停留得长一些。这意味着即使街道上的行人数量相同，但夏季的街道体验比起冬季来会更有生机。

在哥本哈根的步行街上，夏季行人的步行速度比冬季慢35%。单就步行速度而言，这一区别意味着尽管在夏季街道上被观测到的行人比冬季多出35%，但事实上这并非是人数增加了，而是因为人们走得更慢了。

上：哥本哈根伯劳高兹广场平面图。记录了1968年5月某个周三下午4:00—4:30的步行交通。这些线条并非画得如同外科手术般精确，而是显示了总体的移动轨迹。[6]如果记录一天的运动，记录的结果可用作单独某一时间段内的分析，或者通过比较得出一天当中不同时间的不同之处。也可以将所有记录的结果重合到一起，以得到一天之中运动轨迹的复合图像。这也适用于不同的日期，工作日/周末，夏季/冬季等。

下：2013年冬季某日蓝色农场广场的照片，照片底部可辨认的足迹表明，即使在雪地上，人们仍然会抄近路穿过广场的中间。

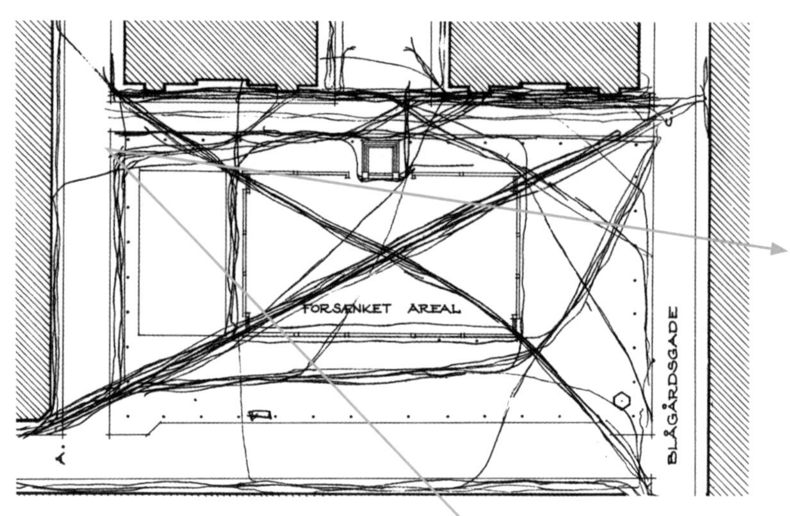

最短路径

——穿越广场移动模式路径研究

研究者：扬·盖尔
地点：丹麦哥本哈根市伯劳高兹（Blågårds）广场
时间：1968年5月的下午
方法：轨迹记录法
出版物：扬·盖尔著，《站立着的人们》，《建筑师》杂志1968年第20期[7]

这项1968年进行的穿越广场步行路径研究，以哥本哈根伯劳高兹广场为对象，研究目的有二：一是看一看步行者们会选择什么样的路径来穿过广场，二是揭示广场中央四个下沉台阶怎样影响步行者选择穿过路线。

观测地点选在广场边建筑二楼的窗户，这样俯视广场时会有一个良好的视野。这个研究是通过在广场平面图上标出所有行人的移动路线来进行的。

在仅仅观测30分钟后，主要的穿越路径已经在图纸上清晰地呈现出来。即使穿越广场对角线的路径意味着（人们）要上上下下行走在四个台阶上，但几乎所有的行人都选择了这条最短的路径。选择从下沉处的周边绕过的行人，几乎都是推着婴儿车或骑自行车的。

在傍晚则观察到了一种新的模式。几乎所有的行人都会选择沿着照明良好的广场边缘来穿越场地，很少有人选择走光线暗的广场中央。

各种靠谱儿的理由

——在公共空间里的活动与停留的理由研究

研究者：扬·盖尔
地点：意大利和丹麦的城市空间
时间：1965—1966年
方法：照片实录法
出版物：扬·盖尔与英格丽德·盖尔合著，《城市中的人们》，《建筑师》杂志1966年第21期[8]

1965年，作者获得了赴意大利为期6个月的游学资助。（在这一资助下），作者在意大利积累了公共空间与公共生活之间相互作用的基础性材料。那些作为研究佐证的素材都以照片的方式记录下来。

开展研究之初，研究者就注意到一个明显的事实，即人们到公共空间里并非都有明确而具体的理由。如果你直接问他们，也许会得到镇上购物或办事的答案。许多有关来公共空间的靠谱的理由和合乎情理的说法通常表明，人们是将办事与休闲娱乐的想法结合在一起，这是对人们行为模式的合理解释。在这种背景下，总体而言，那些合理的被解释的行为可以包括待在公共空间观看其他人及其公共生活场景。在另一页上是选自意大利和丹麦的照片，它显示出行动的模糊性，其中包括了许多在公共空间停留的理由。

尽管后来的研究用数据支持了这一结论，但在早期的研究中，研究者正是用照片的形式来记录人们停留在公共空间的理由的。

在长时间内收集数据与拍照的过程中，观察者需要保持眼观六路、耳听八方的状态，这使他们得出了人们在公共空间出现往往具有被延缓的必要性特征的结论。虽然说人们离开家是有一个合理的原因，但在许多情况下人们选择公共空间的真正理由简单得很，就是想在那停留一会儿，换而言之，就是去那里看一看或被别人看。

这些观察证明了确保公共空间要为人们提供值得停留的元素的重要性，这些“一定内容”不必非得是一个大型花卉展示或（吸引人的）喷泉群。对于创造公共空间中的公共生活来说，一个可供行人坐歇的长椅，几只可供人观赏娱乐的鸽子便足矣——但最重要的元素是空间中还要有其他人的存在。

这些照片展示了几种围合公共空间的方式及各种不同的活动类型。其中心主题是公共空间中的人，以及公共空间与建筑如何支持或者抑制人的活动。与传统的建筑照片相反的是，照片中单体建筑的特征对于公共空间中的公共生活来说是次要的。

多年来，扬·盖尔捕捉了无数描述城市中人的行为的小场景。这些20世纪60年代中期的照片拍摄于数字时代以前，照片主题确实是经过精心挑选的，因为在那时，拍摄和冲洗照片都很昂贵。

城市对于人的功能

扬·盖尔,《城市中的人》《建筑师》1966年第21期[9]

被社会承认的需要。散步是满足看和被看的需要的方法之一。(意大利罗马)

报纸是一个便利的道具，用于待在城市中重要场所的借口。(意大利曼托瓦)

对被动性的需要。城市的活跃空间为人们的被动提供了十分适合的条件。(意大利卢卡)

看管玩耍中的孩子是这些母亲待在公共空间的绝佳理由。(丹麦哥本哈根，蓝色农场广场)

对运动，光线和空气的需要。这些需要在城市中是次要的，因为它们在其他很多场所也可以得到满足。(意大利阿雷佐)

给饥饿的鸽子喂食可以成为散步的目的，同样也是一个可以接受的待在公共空间的理由。(意大利米兰)

理论与实践

——对新小区步行模式的研究

研究者：扬·盖尔和步行中的法布琳（Fabrin）家庭
地点：丹麦阿尔伯特斯隆南（Albertslund Syd）
时间：1969年1月
方法：跟随法（Following along method）
出版物：扬·盖尔，《步行穿越阿尔伯特斯隆》（Engennemgang af Albertslund，丹麦语），《景观》杂志1969年第2期。[10]

阿尔伯特斯隆南是位于哥本哈根西侧的新郊区的居住综合区，是20世纪60年代初依据人行与机动车交通完全实行人车分流的现代交通安全理论而规划建造的。在居住区内，汽车道路系统内没有设置人行道，人行交通也有自己一个独立的道路系统，机动车无法抵达住宅，人行道较长且平坦，所有的交通路口和行车通道都不会有步行路面。理论上讲，这是各方面都完美和安全的交通系统。

无论如何这都是从图板上看到的效果，但实际上行人与机动车交通的分离情况是怎样的呢？居民们又会如何出行呢？几乎从一开始就有明显的迹象表明交通系统并不会按照规划的方式去运行。此外在使用非动机车道路方面，居民无论老少都出现了无视任何关于交通安全的理论而去选择直线路线的倾向。虽然步行系统中确实没有汽车进入，但它设计了很多弯路和道路间的非直接联系。

为了调查此议题，做了一个访谈记录。一位住在该小区远端尽头的带小孩的母亲，常常带着孩子步行穿越该区域去城市中心的商店。研究人员与她商定会继续沿着日常路线步行。不过，在某一随机挑选的日子，一位公共空间研究的工作人员会跟随她，记录行走的路线、花费的时间、愉悦程度和遇到的问题，并在沿途进行拍照。整个步行距离是1.3公里，用时31分钟。研究证实了其步行路线会尽可能地走直道和有目的性，其选择与是否沿着机动车路旁，是否会穿越停车场或是否只沿着人行道走无关。

总体而言，其几乎有三分之一的路线不是事先设计为行人应该行走的区域，其中包括了要穿越的数条司机们不会刻意去注意有行人穿行的机动车道路。这个家庭的步行线路极具说服力地证明了交通工程师们的理论设计与居民们生活的真实情况是完全不同的。

几年间，这个本应该是无交通事故的区域交通事故频繁发生，因为许多行人走在机动车道上而被汽车撞到。又过了数年之后，整个阿尔伯特斯隆南的交通系统被重建。新的设计摆脱了分离不同交通的原则，取而代之地使用了一个基于整合现存不同交通类型的新系统，这个系统与小区实际的交通使用方式相契合。

1969年1月，阿尔伯特斯隆南。和居民一起沿着他们平常走的路线在居住区内行走。

位于哥本哈根以西15km的阿尔伯特斯隆南居住区是由Fællestegnestuen（公司名）于1963—1968年间设计的，拥有独立的非机动车和机动车交通系统。[11]

禁止行人通行的380米

扬·盖尔,《步行穿越阿尔伯特斯隆》,《景观》杂志1969年第2期[12]

虽然不住在阿尔伯特斯隆的居民会对这条漫长、单调、无趣的穿过阿尔伯特斯隆排屋区域的道路持有批判的态度，可是Tove and Peter Fabrin却并不觉得这是个问题。的确，阿尔伯特斯隆拥有100%安全的行人交通网络，所有的车行道都在地下，但那并不是Fabrin一家所走的路线。他们通常的路线是穿过一个停车场来到一条通往主干道的机动车道，斯莱特桥大道，然后快速通过这里。

继续沿着斯莱特桥大道走，他们走在规划者为他们设计的步行专用道上面。透过道路两边作为人行道标志的低矮白墙看去，人行道两侧的风景不错。但是我们并没有时间欣赏风景，我们赶时间。

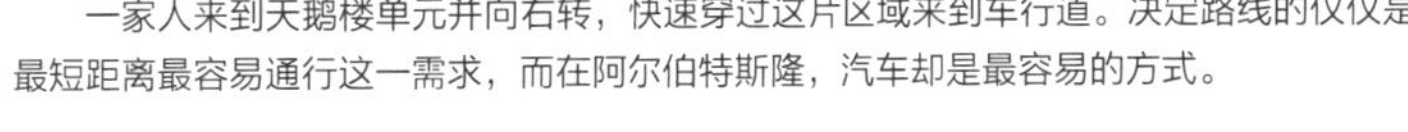

一家人来到天鹅楼单元并向右转，快速穿过这片区域来到车行道。决定路线的仅仅是最短距离最容易通行这一需求，而在阿尔伯特斯隆，汽车却是最容易的方式。

所以当他们到达该区停车场后左转——沿着车行道走了禁止行人通行的380米或更长的距离后——他们第一次进入阿尔伯特斯隆的人行道系统。此次行走，沿着几栋建筑，走下一些楼梯，穿过一片将来要建教堂的空地，到达阿尔伯特斯隆的主干和主要神经——运河街。

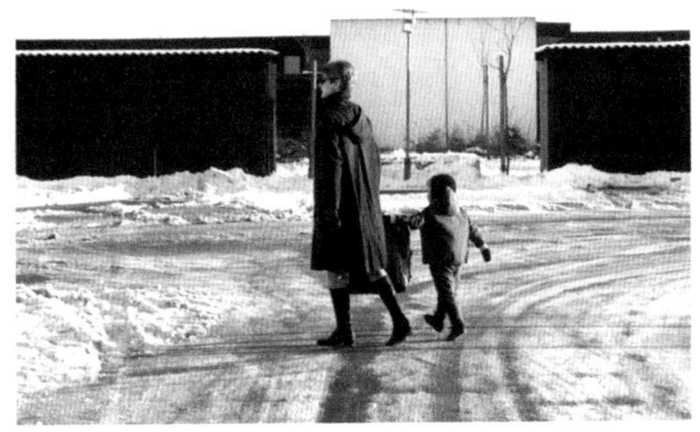

原文包含的所有行走区段的照片中的几幅。

行动研究

——一日之内从空旷的砾石场到活跃的游乐场

研究者：小区内的居民和哥本哈根大学的学生
地点：丹麦哥本哈根市郊新建公共住宅综合体——霍亚格莱色科斯（Høje Gladsaxe）
时间：1969年4月29日，星期六
方法：行动研究
出版物：扬·盖尔等，《SPAS 4. 霍亚格莱色科斯小区建造》（SPAS 4. Konstruktionen i Høje Gladsaxe，丹麦语），1969年学术出版社出版。[13]

"我们的父亲在高处"是扬·盖尔对在霍亚格莱色科斯新建的那座13层的公共住宅楼写的毫不留情的批判性评论文章的标题，文章发表在1967年出版的《景观》杂志的第7期上。扬·盖尔写这篇评论的出发点，因为是建筑的室外空间极度无聊："少即是多"的现代主义思想被运用到公共住宅上。在该场地开展的几个初步的活动研究显示了这里的室外空间很少被使用，并且这里在白天基本上只有妇女和孩子在家。很显然，这里无论是建筑还是景观规划都不是针对这一人群，而是更倾向于针对高楼顶层上一家之主的男人们设计的，因为他们可以在吃晚餐时放眼将邻国瑞典的景色收入眼底。[14]

这篇文章（在当时）引起了相当的轰动，并且成为当时众多对正在建造的现代主义住宅浪潮批判的文章之一。也就在同一时期，出现了首批关于孩子使用多层住宅楼户外空间存在困难的研究。总之，多层住宅楼户外空间存在的问题较为明显，特别是在霍亚格莱色科斯住宅楼的户外空间极其死板与平庸。

住在这个住宅楼群内的许多家长试图说服房屋协会和当地主管部门，为他们的孩子改善游戏场地的条件，但是没有结果。然后他们联系到丹麦皇家艺术学院建筑学院的SPAS（一个由社会学家、心理学家以及建筑师组成的研究团体）。经过频繁和紧密的合作，1969年4月29日居民们与学生们准备在住宅楼前的砾石空地上着手建设一个未经许可的大型探险式游戏场。

50位居民和50位学生从一大早忙到深夜，在一天内建造起了一个大型的游戏场地。此举如此缜密，目的如此深得人心，以至于主管部门也没有制止。无论是在建造的过程还是在建成后的很多年，这个游戏场仍是一个巨大的成功。

摘自杂志《更好的生活》1969年SPAS 4 中的插图（右上）和原始的图注：最年幼的儿童用的沙盒位于9号住宅楼附近。雨中的游乐场是个悲哀的场景，但是这个游乐场有一个有屋顶的区域。[15]

在霍亚格莱色斯科进行的游乐场改造行动，是对现代主义忽视人性需求的抗议。行动的目的是给霍亚格莱色斯科的居民特别是儿童，更好的机会来表达自己的想法，同时唤起关于对现代主义思想和建筑的讨论。前后对比图片显示了游乐场如何通过连接边界线从而打破现代主义的几何直线。

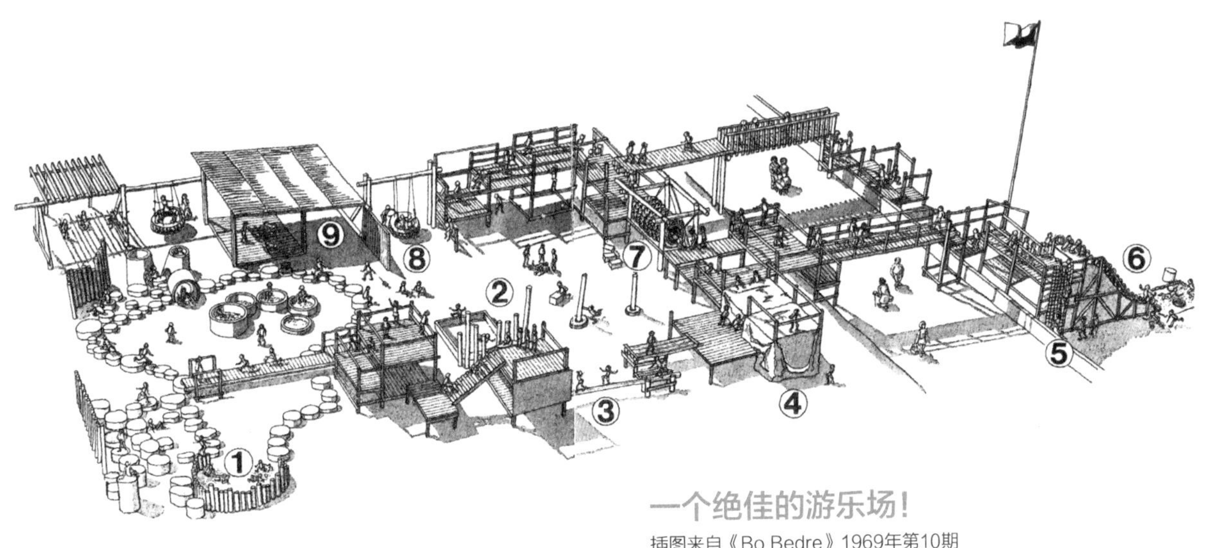

一个绝佳的游乐场！

插图来自《Bo Bedre》1969年第10期

改造之前

改造之后

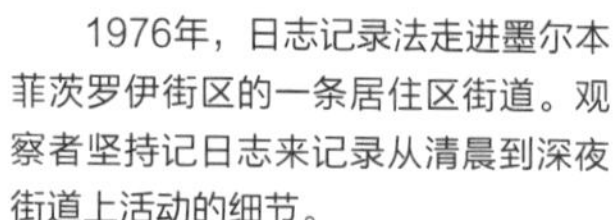

1976年，日志记录法走进墨尔本菲茨罗伊街区的一条居住区街道。观察者坚持记日志来记录从清晨到深夜街道上活动的细节。

泡泡图包含了摘取一本类似日志中的片段，这本类似的日志与之后在墨尔本的研究有关。[16]

EXCERPTS FROM SUNDAY DIARY

9.53 MR Nº 8 COMES OUT OF HOUSE YELLS TO BRUNO, HIS DOG, WHO IS FIGHTING WITH DOG AT Nº 15. COMES DOWN ROAD WITH CHAIN IN HAND, PUTS LEAD ON DOG AND DRAGS HIM HOME.

12.48 LADY (WHO LIVES IN Nº 18) COMES OUT OF Nº 9, GOES OVER TO Nº 10 & ASKS MAN TO DINNER.

1.26 MR. Nº 9 (ABOUT 40) COMES OUT TO WASH OUT CUP FROM TAP ON FRONT VERANDAH.

3.37 TWO MEN (BOTH ABOUT 30) ARE CHATTING ON THE VERANDAH OF Nº 8. ONE LEAVES AND GOES INTO Nº 11 TO HELP MAKE WINE. HE CHATS TO GIRL AT THE DOOR AS HE GOES IN.

4.37 FOUR CHILDREN FROM Nº 9 GO DOWN STREET ON SCOOTERS, CARRYING A BUCKET OF FISH.

日志记录法

——捕捉细节与微妙之处

研究者：扬·盖尔和墨尔本大学建筑学院研究团队
地点：澳大利亚墨尔本市菲茨罗伊
时间：1976年3月的一个星期六
方法：日志记录法
出版物：未出版

1976年3月墨尔本建筑学院的学生们收到的作业任务是在城市中自选一块场地，并在其中度过24小时，同时需要记录下他们的经历。学生们分为两人或三人一组，并自由选择记录工具，如绘画、照相、计数、记录、录音或者使用其他技术。学生小组选择的体验场地遍布城市，如动物园、市场、火车站、监狱、报刊办公室等。

有两位学生决定把24小时花在一条典型的居住区街道体验上，这个街道全部是由带有前院的一至两层房屋所构成的。他们选择了街道中100米长的一段，从午夜开始等候在他们观测的位置上，等待黎明的到来和住户们开始出现在他们的院子里和街道上。

在若干个试点研究的基础上，学生们决定以日志的形式记录街道上的所有活动。记录内容是从街道一侧的建筑物立面到另一侧建筑物立面之间空间内发生的每一件事情，包括前院、前院栅栏周围的区域、街道及人行道上发生的事情。

日志上完整记录了观察范围内发生的所有事情。每一次当有人从某一栋房子里出来或者穿过街道，此人的性别、年龄及房子的街道号（如果相关的话）都会记录下来。同时，行为者的行为类型、参与人、行为发生的地点及是否为社交活动（交谈、问候、孩子玩耍，等等）都会被记录下来。在记录的过程中，一件重要的事项是记录下人们在各个活动上所花费的时间。

事实上，（当看到）有观察者在街道上从黎明到夜晚记录下发生的每一件事时，自然会引起居住在街道两侧居民的好奇。如预期的一样，这两个学生虚构了一个理由：他们是建筑系的学生，在进行一项对居住区街道交通安全的研究。这听起来很合理，居民也觉得这样的研究对建筑系学生而言是有意义的活动。居民们的接受意味着经过起初的一阵好奇之后，他们很快就忽略了观察者的存在，使观察者能在一天之内观察所选的100米长街道，并记录下上百条的活动信息。

学生们的记录提供了街道上所发生一切的概况：多少人出门了，（他们）是些什么人（性别和年龄），发生了什么事情，谁使用了周围场地的哪些东西及进行了活动，以及是什么样类型的活动？街道上的活动越多，则人与社交活动之间的交会就越多。的确，所有这一切都十分有趣。

不过，最有意思的是学生们经过一段长时间连贯的观察后，不仅记录下了大致的活动模式，并且还记录下大量可以用秒数来衡量的简单活动，比如问候、挥手、快速行走中的短暂停留、扭头，等等。一天中的大部分主要活动都是由这些简短、自发的片段组成。这些小片段行为与更长时间的活动相结合，便成为一个复杂而戏剧化的“街道芭蕾舞剧”。

长时间、不间断地在场地中观察，是获得对于公共空间与公共生活间相互作用的细节理解的关键。绝大多数其他用于公共生活的研究方法是基于研究有限的一段时间作为“样本”，这种方法会忽略掉许多小但却重要的细节。

宅前庭院的重要性

——居住区街道设计与活动程度及特征间联系的研究

研究者：扬·盖尔和墨尔本大学建筑学院的研究团队
地点：澳大利亚墨尔本老市区与新郊区分别的17条街道
时间：1976年4月至5月的星期天
方法：行为地图标记法与日志记录法
出版物：扬·盖尔、弗雷达·布拉克（Freda Brack）和西蒙·桑顿（Simon Thornton）合著,《居住区域公共与私人领域的界面》（The Interface between Public and Private Territories in Residential Areas），墨尔本大学，1977年[17]

1976年4月到5月期间，墨尔本大学建筑系的33个学生开展了一项全面和有抱负的研究。这个研究选取了墨尔本老区与新郊区共17条街道作为研究对象，这些街道的选择考虑了其居民类型的广泛代表性，包括不同种族、经济和社会等方面。这个研究的目的是阐明街道的物质条件，如街道空间的设计、宅前庭院和建筑立面，与不同类型街道空间上所发生的活动之间的联系。简而言之，就是物质条件对于每一条街道上公共生活（开展）的程度和特征有什么样的影响？

墨尔本老城区的街道特点是在住宅前有一个半私密的空间，即宅前庭院，典型的做法是以朝向街道一面的低矮栅栏相围合。虽然许多街道都有这种典型传统的澳大利亚式过渡空间，但也有一些房屋前面并没有这样的特征空间，而且在郊区以一片成圆形小草坪围绕着整个房屋是极其典型的做法。半私密的前院空间是否会对街道上的公共生活构成影响？街道设计与住宅密度对活动的模式具有什么重要意义？

对上述这些问题的研究则选在适合户外活动的好天气下进行，星期天作为特定研究时段而被选定，因为这时间大部分居民预计都会在家。每个研究区域包含一段100米长的街道，研究包括测量街道的空间尺寸以及根据在示范研究当中开发的日志记录法记录活动。以此为出发点，整个星期天——从日出到日落发生在街道上的所有活动全部被记录了下来，其中包括每项活动所消耗的时间。与此同时，为了以绘画描述不同活动如何在每一个单独的空间进行，在一天当中，每间隔一小时，学生们便标出一幅行为地图。

这些记录汇总起来，为一个在各类有公共生活的街道或在一些缺乏公共生活的街道提供了综合而详细的描述。其中，可以为准确地判定半私人前院空间在“软边界”（soft edges）街道的活动起到了决定性的作用。[18]

这些研究开启了多个有趣的子课题研究。比如，郊区平均每户开展的活动通常与城区中人口密集的带有宅前庭院房子的街道一样多，不过两者的活动模式则不尽相同。大部分郊区人们在户外开展活动时，多以修剪草坪或者整理自己的大花园为主。对于城市里人口密集的街道而言，居民通常是坐在他们的前院，做些无关紧要的事情消耗时间，或是吃东西、休闲，以及从事更多的社交性活动。这些研究同时显示出了居住区街道所发生的多数事件都是短暂的，而这些简短事件是促成更大型和更长时间的事件发生的先决条件。

在这些有关宅前庭院在城市街道社交生活中起到重大作用的研究成果发表后，建筑法规也随之变得更为严格地强调前院不能用墙或者栅栏与街道完全隔离。此外，公共房屋法规也开始支持建设更多带前院的联排住宅而非大型的多层居民楼。总之，许多微小的观察研究取得了巨大且积极的成果。

墨尔本普拉兰，Y大街的基本信息以及空间与活动的互动。

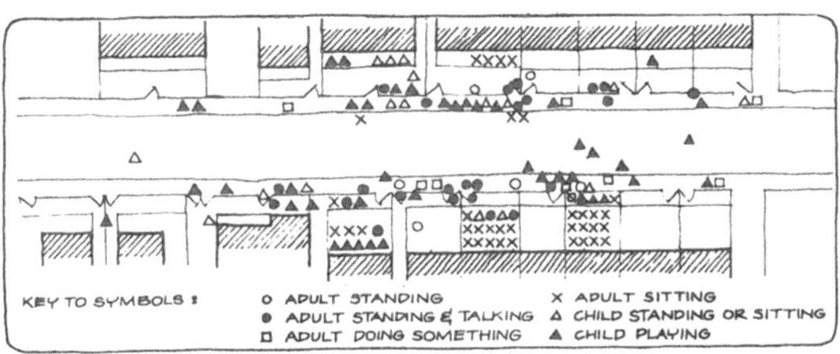

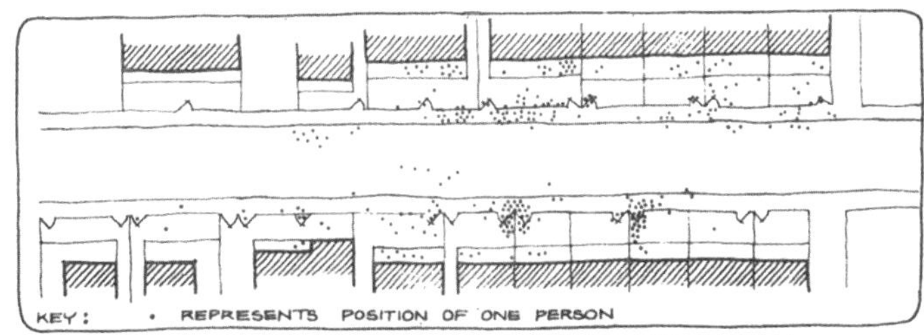

墨尔本佛蒙特，C大道的基本信息以及空间与活动的互动。

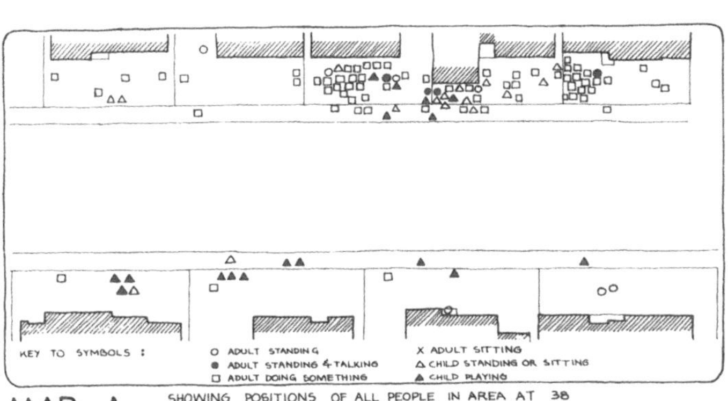

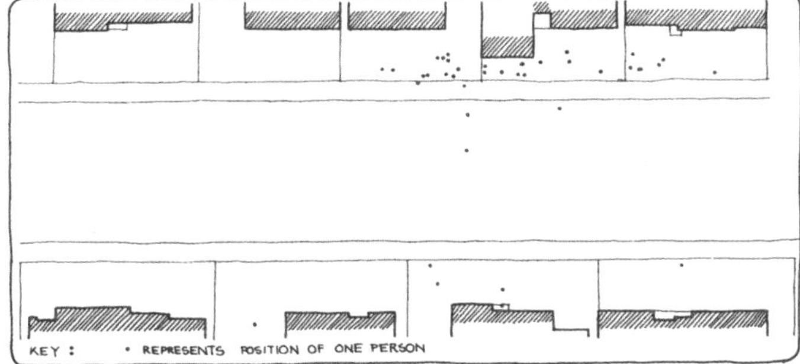

图A显示了根据活动类型绘制的小区街道上的活动。图B专门显示了社交活动，例如打招呼。通过有更多住宅、更明确界定的前院的街道（上）和有较少住宅、开放草坪的街道（下）之间的对比，可以清晰地看到在有前院的街道上有更多的社交活动。[19]

179

时间孕育生活

——居住区街道各种活动历时的研究

研究者：扬·盖尔和加拿大安大略省滑铁卢大学建筑学院的研究团队
地点：加拿大安大略省基奇纳和滑铁卢，由半独立式和独立式住宅形成的12条街道
时间：1977年夏天的工作日
方法：日志记录法
出版物：扬·盖尔著，《交往与空间》，Van Nostrand Reinhold出版公司，纽约，1987年（2011年Island出版社再版）[20]

到底什么能给居住区的街道带来生命力呢？对此，1977年分别对基奇纳和滑铁卢的12条带有独立式住宅和独立式住宅所形成的街道上的活动进行了研究。为了便于比较研究结果和获得总体的概况，在12条街道上都选取了大约100码（90米）的一段进行研究。

研究选在夏日对户外活动最适宜的天气——不太热也不太凉的条件下进行，也是一年中天气好的那几天。

研究记录了每条街道上的活动数量与类型。活动类型以最常见的方式来划分，并且格外注重对诸如问候和其他人与人互动的这类社交活动。

研究中有趣的是，发现了街道上最常见的活动都是出入住宅。不过，尽管在所有活动记录中步行和驾车出入的数量各占一半，但它仅占街道生活的10%，因此从花费时间的总时长来计算，出入住宅仅需很短的时间。研究记录表明还有中等数量的街道停留，不过从活动的用时来看，这些停留活动占人们街道生活的90%。

这一研究清楚地证明了相较于瞬时性活动（transient activities），停留性活动（staying activities）所花费的时间更长。或许这个结论看上去是显而易见的，但还需强调的是停留时间是非常重要的，而且停留活动对于如何使街道充满生机的场景具有决定性作用。人们在街道上停留的时间越长，公共空间内所见的人就越多。时间的确是小区街道与公共空间中的一个决定性因素。

柱图：1977年加拿大安大略省，在滑铁卢和基奇纳的12条居住区街道，对公共空间，活动频率和持续时间调研的结果。[21]

A：互动
B：停留
C：园艺等
D：玩耍
E：区域内行人交通
F：行人交通，往返
G：开车往返

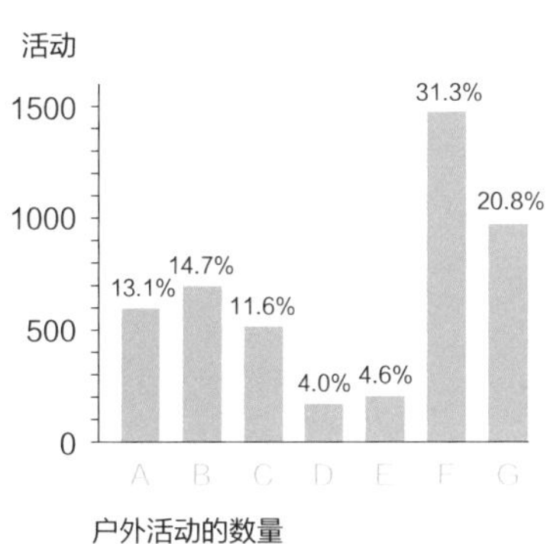

户外活动的数量

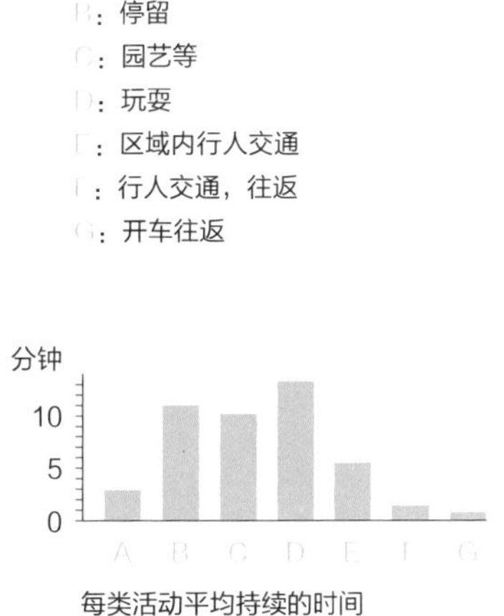

每类活动平均持续的时间

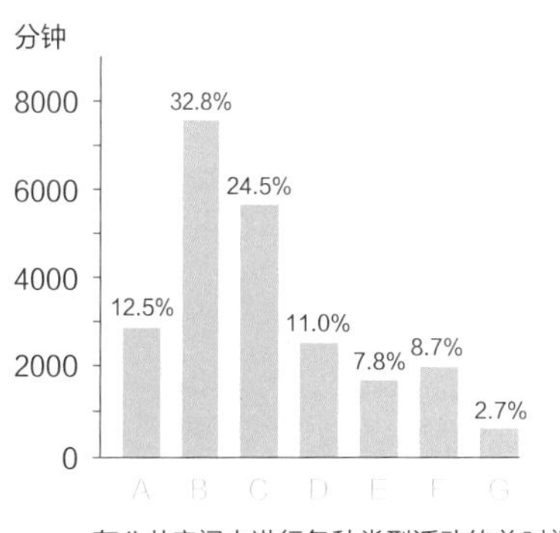

在公共空间中进行各种类型活动的总时间

探查忧虑和不安

——交通对成年人与儿童步行行为的影响研究。

研究者：扬·盖尔和皇家墨尔本理工大学建筑学院及墨尔本大学的研究团队，1978年
地点：　澳大利亚墨尔本和悉尼的机动车道路及阿德莱德步行区域
时间：　1978年10月
方法：　现场计数法，行为地图标记法，系统观察法
出版物：扬·盖尔著，《交往与空间》，Van Nostrand Reinhold出版公司，纽约，1987年（2011年Island出版社再版）[22]

1978年来自墨尔本两所建筑学院的研究团队开展了一系列现场研究，以获得有关在不同交通情况街道上步行者行为的知识。他们探寻在不同类型的街道上，机动车交通对人们的行走和停留意味着什么的答案。研究选取了三种类型的街道：带有人行道的机动车街道、带机动车受限制的步行街道（比如带有轨电车的步行街）和完全无机动车行驶的步行街。

被研究的街道选自阿德莱德、墨尔本及悉尼，研究这些选定街道的方法有行人计数、行为地图和对选定主题的系统性观察。

结果显示，无机动车交通的街道为各种年龄段人群的活动提供的机会更多，同时变化也更多样；机动车街道则是拥挤不堪、噪声喧嚣和充斥有害气体，行人们需要采取许多安全预防措施。而在带有有轨电车或限制性机动车交通的步行街道上，行人的行为方式更接近于机动车交通的街道而非完全没有机动车的区域。尽管机动车交通是被明显地限制了，但令人惊讶的是（这一情形）大大抑制了人们活动的机会。

这次研究的一个主题是在不同类型的街道上行人对安全性的感觉如何。一些学生观察到年幼儿童被允许在不同类型街道上自由漫步的程度明显不同。通过关注6岁以下儿童是自己走还是被牵着手走，学生们得到了系统化的观察结果。研究显示在机动车交通与非机动车交通的街道上存在着明显的区别。在机动车道路一旁的人行道上几乎所有的孩子（大约85%）都是被牵着手，但在无机动车的步行街上绝大多数孩子是被允许自由行走的，并且孩子与成年人双方都明显地表现出兴高采烈的状态。

这个小研究是一个有创意的例子，即通过新颖但简便的阐释方式来说明公共空间与严重影响城市生活质量的公共空间之间互动的复杂而重要的关系。

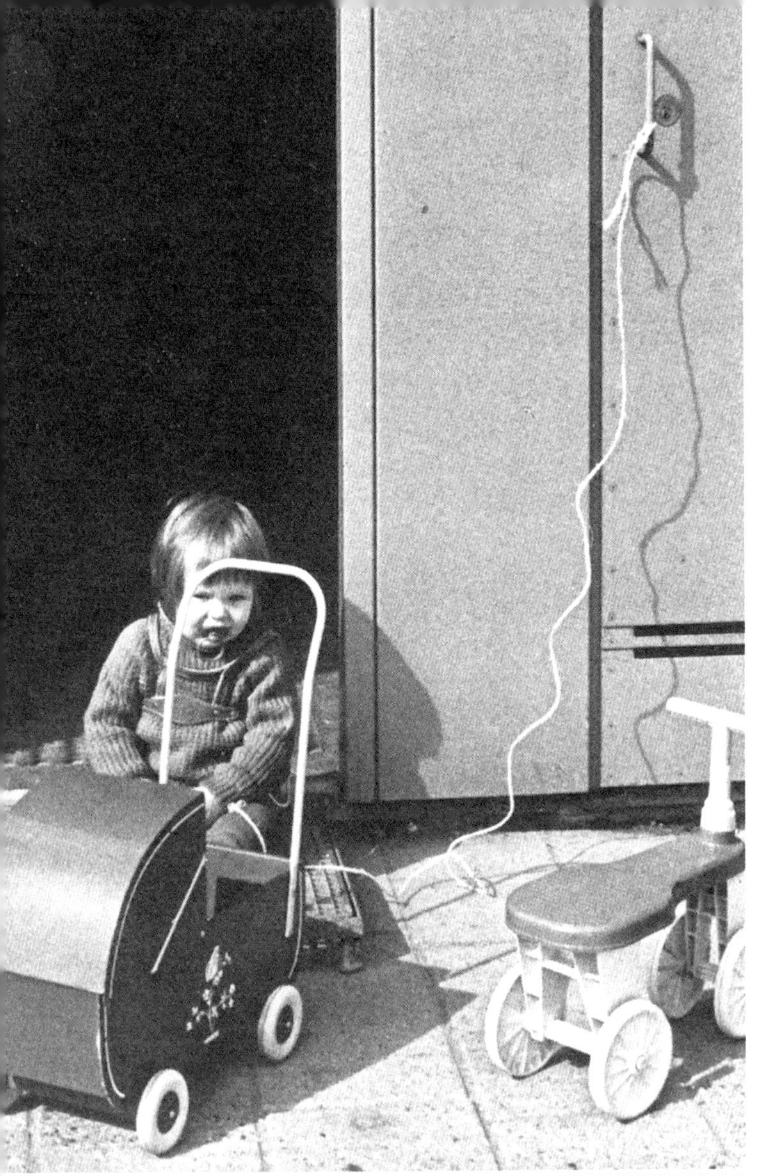

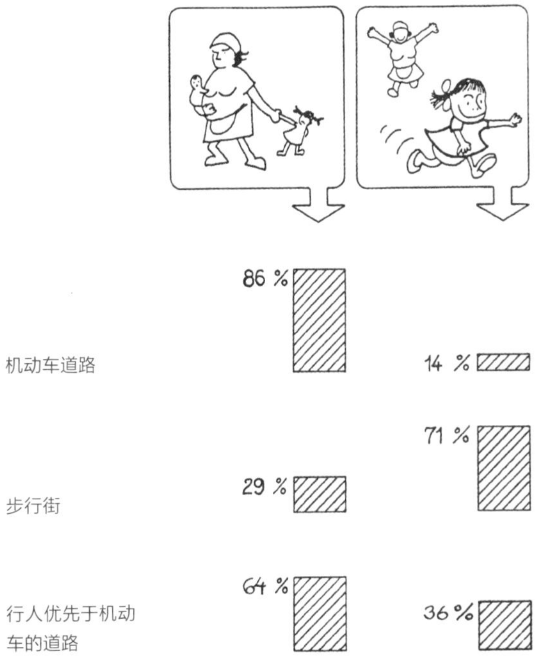

机动车道路	86 %	14 %
步行街	29 %	71 %
行人优先于机动车的道路	64 %	36 %

图表来自扬·盖尔《交往与空间》："恐惧的代价。记录在澳大利亚的机动车交通和步行街中0–6岁的儿童。几乎没有儿童被允许在行车道旁边的人行道上随意奔跑，而在步行街上几乎没有人牵着孩子的手。"[23]

左图："恐惧的代价"，20世纪70年代哥本哈根郊区，被绑在住宅外面的男孩。

下图：意大利那不勒斯，街景。

活跃或冷清的沿街立面

——在开敞或封闭的沿街立面前的公共生活研究

研究者：丹麦皇家美术学院建筑学院公共空间研究中心的扬·盖尔、佐尔法伊格·雷格斯塔（Solvejg Reigstad）和洛特·克费尔（Lotte Kaefer）

地点：哥本哈根市区七条城市街道

时间：2003年夏季的早上、中午、下午，秋季的晚上

方法：计数和观察

出版物：扬·盖尔、佐尔法伊格·雷格斯塔和洛特·克费尔合著，《与建筑物的亲密邂逅》（Nærkontakt med huse，丹麦文），《建筑师》杂志专刊，2004年9月[24]

人眼视力基本上是为水平视线方向而进化的：我们虽然有时会低头看路，但很少向上看。然而绝大多数人的眼睛摄取的信息都是在视平线范围内的。就建筑物而言，能吸引我们注意的主要是在一楼这一层高度的物体。诸多研究指出，边界作为建筑物和公共空间的过渡，对有多少活动发生和发生了哪一类活动有着重要意义。[25]

这个研究是针对街道两旁商店立面和其间人行道上的活动的，该研究建立在开放和多样化的一楼立面，比封闭且单一的一楼立面相比会有更多活动的这一假设上。为验证这一假设，研究小组沿着哥本哈根的购物街选择了7处100米长的路段进行了研究。

被选定研究区域的街道包括一系列开放、具有丰富细节的活跃立面，有开敞的大门，室内外空间相交融。沿同一街道继续向前走，则呈现出完全相反的一面：封闭，没有什么细节的消极立面，假窗户或根本没有窗。研究人员借助专为研究公共生活与公共空间而开发的立面评估工具来界定立面的特点。在这些100米片段内，立面A和E作为最具代表性的片段各被选出10米长。为了能够更加直观地对二者进行比较，研究对象选择的目标是不被其他街道断开，拥有相同的气候条件、交通密度和其他可能影响到活动水平的因素。

沿街的公共生活状况则通过记录统一来加以衡量。内容包括街道上通过的行人数量、步行速度、扭头向街面观看的次数、多少人停下来或走进或走出店铺大门，以及行人在道上活动的持续时间。

全天的时间被分为以下几个时段进行记录：上午、中午或在天气良好的夏日下午。此外，秋季天气良好的傍晚5点到8点的活动也会被记录下来。

这项研究清楚地表明，立面设计能够极大地影响购物街的活动模式。在开放式前的街道活动内容明显比封闭式立面前的街道的活动丰富多样。人们走得比较缓慢，经常扭头向商店的橱窗张望，停留的次数也比较频繁。虽然行人们有时停下脚步看一眼橱窗，更有趣的是，很多人也会在丰富的立面的旁边停下来做别的事情，比如，系鞋带、打电话和整理一下购物袋，等等。正如简·雅各布斯所写："人们的视线也会吸引其他人。"总的来说，与封闭立面相比，开敞立面前可见的活动量要高达7倍之多。

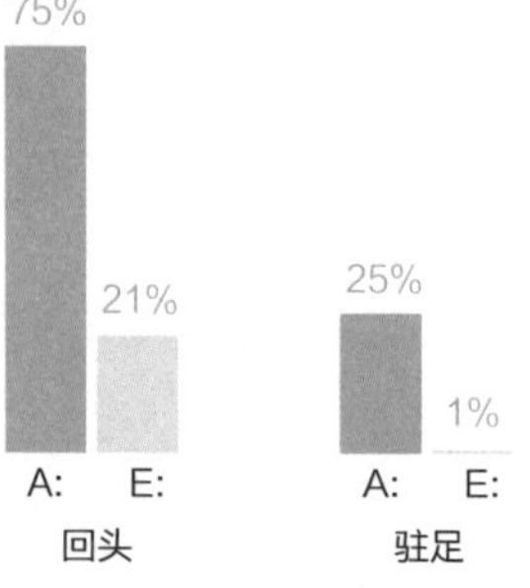

沿着所选路线的立面A，75%的路人显示出兴趣而回头，而只有21%的路人面对封闭的立面E做出相同举动。25%的行人在开放的立面之前驻足，而只有1%的人在封闭的立面之前驻足。[26]

立面类型

扬·盖尔，《人性化的城市》，2010年[27]
（原始出处源于1990年斯德哥尔摩公共生活调研报告）[28]

A－有活力的界面
小单元，多门
（每100米有15—20个门面）
功能混合，具有多样性
没有盲区，极少的消极单元
立面具有特点和吸引力
垂直立面
良好的细节设计和恰当的材质

B－友好的界面
相对较小的单元
（每100米有10—14个门面）
功能比较体现多样性
偶尔有消极的灰色界面
立面具有特点
很多细节设计

C－混合的界面
很大或者很小的单元
（每100米6—10个门面）
有一些消极的灰色界面
立面平淡无奇
极少的细节设计

D－毫无生趣的界面
很大的单元，很少的门
(每100米有2—5个门面)
几乎没有变化，无趣的单元
很少或者几乎没有细节设计

E－毫无活力的界面
大单元，很少或者几乎没有门
（每100米有0—2个门）
功能不具有多样性
都是消极无趣的灰色界面
粗糙的立面，没有细节设计，没有有趣的视野可以看

从43条到12条标准

——制定评估公共空间品质的列表

研究者：扬·盖尔等人
地点：丹麦，哥本哈根，丹麦皇家艺术学院建筑学院城市设计系
时间：进行中
方法：评估公共空间品质清单
出版物：尚未出版[29]

是什么决定了一个公共空间成为令人愉悦的空间并使之被使用呢？几十年来，人们收集整理了评价这个问题的很多标准，最终它被简化和归纳为一个被称为“12条品质标准”的衡量工具。[30]

“12条品质标准”（曾经有比这条款还多的标准）可以应用于评估和记录这个独立的公共空间要符合能够吸引人前往并逗留的标准程度。研究中通常采用三级评价法作为图解说明，比如用三种深浅的灰色来比较不同的公共空间，

空间品质标准的清单是基于人类感官和需求的基本知识，以及世界各地多年来公共空间研究基础上总结而成的。[31] 这些关于人类感官、需求，以及什么使人们在公共空间中感到舒适并愿意停留其中的基本知识，经过多年与实践的密切结合已被调整和适应，因此具有很强的实用性和广泛的应用性。

在本页中的关键词表是20世纪70年代由丹麦皇家艺术学院建筑学院的扬·盖尔先生为教学而制定的。起初，标准中描述了有非常多的内容，因为除了与公共空间相关的内容外，标准的重要性还涉及城市和场地规划方面的内容。

经过多年推进，这一理念已成为一张简明易用的清单（checklist），大部分人都能一目了然，而且用于诸如各种公共空间对比等方面时也很易于掌握。与此同时，为了评估独立公共空间满足人们保护安全、表达自我需求的程度，该清单必须拥有足够多的细节与尺度数据。

今天，这一工具用作对话沟通的出发点。比如，一个项目团队可能用这个清单来检验人们对一个现有或规划中的公共空间的体验程度，即体验其是否达到了应该具备可漫步、可逗留的要求规范，以及其尺度感和气候条件上要求的规范。

对页面上的1974年的图纸展现了一些在后来的版本中找到的类别。一些内容后来被重新界定或取消了，那些保留下来的内容又按照保护、舒适、享受三个主题被重新建构起来。[32]

虽然这个清单是在建筑学院里制定出来的，但其中只有一点，即清单上的最后一点，是和美学品质相关的。也就是说，公共空间评价是不以美学因素作为出发点的。首先我们必须考虑人们行走、站立、坐歇、观望、交谈、倾听和表达自己的需求不受汽车、噪声、雨水和风干扰。人们也需要能够在人性化尺度上利用当地气候和环境的积极方面。经验表明，决定公共空间是否有价值和能否被居民所使用的因素，远远不止美学品质。然而，对专题的品质来说，所有归于建筑框架内的功能性和实用性相关方面要符合视觉审美也很重要。世界上许多最好的公共空间都完美地符合了清单所列的12条品质标准。意大利锡耶纳的坎波广场（Piazza il Campo）是个最佳的范例。

对面页：1974年，扬·盖尔为哥本哈根皇家艺术学院建筑学院城市设计专业的学生设计的关键词列表。

URBAN DESIGN — A LIST OF KEY WORDS

A. TASK ANALYSIS ~ DECISION ~ BASIC PROGRAMME

TASK ANALYSIS
DECISION
PRIMARY PROGRAMME

ANALYSING THE TASK
who is giving the task?
what are the objectives?
who will benefit?
etc.
⋮

- DECISION -
can task be accepted?
- if yes on what conditions?

BASIC PROGRAMME / GROWTH & CHANGES
overall goals
- what is to be planned and what is not?
- what is to be planned now and what is not?
- future developements alterations – growth / changes
- who decides?

B. PROGRAMME

SOCIAL STRUCTURE

1. A POLICY FOR THE SOCIAL STRUCTURE
considerations on the subdivisions into:
- primary groups
- secondary groups
- neighbourhoods
- townships
- towns etc.

2. A POLICY FOR THE DECISION MAKING
- who is to decide what?
- how can the decision making strengthen social structure?

3. A POLICY FOR INTEGRATION / SEGREGATION
- living / manufacturing / service
- different age groups
- social classes
- private – public spaces

4. A POLICY FOR THE PUBLIC SPACES
- how can social structure be strengthened by public spaces?
- what kind of public spaces? active / inactive diverse / specific inviting · inspiring / repulsive
- location of different activities

SERVICES AND COMMUNICATIONS

1. SERVICES
which services and facilities are needed?
where are they to be located in social structure?
where are they to be located on site?

2. INTERNAL COMMUNICATIONS
- see below -

3. RELATIONS BETWEEN INTERNAL & EXTERNAL COMMUNICATIONS
- distances to points of exchange
- quality of way
- quality of exch. point
- waiting time, frequency
emergency traffic

4. EXTERNAL COMMUNICATIONS
kind of traffic public / private
distances
speed – frequency
directions
etc.

C. DESIGN

STRUCTURE OF PEDESTRIAN SYSTEMS – organizing the movements

1. NUMBER OF DIRECTIONS (LENGTH OF WALK)
to concentrate:
- one direction (compact ped. system)
to disperse:
- several directions (widespread ped. system)

2. NUMBER OF ALTERNATIVE ROUTES
to concentrate
- one street
to disperse
- several paralell streets
- skywalks etc.

3. NUMBER OF ALTERNATIVE TRANSP. SYSTEMS
to concentrate
- one system: walking
to disperse
- several systems

4. STRUCTURABILITY
- a logical "easy to find your way around in" overall structure
- using topography
- etc.

– organizing the buildings / functions in relation to the pedestrian systems

1. DISTANCES BETWEEN BUILDINGS / FUNCTIONS
to concentrate
- compact ped. system
- attractions close together
- narrow facades
to disperse
- attractions far apart

2. NUMBER OF STOREYS / LEVELS
to concentrate
- one level
to disperse
- several levels

3. ORIENTATION OF BUILDINGS / FUNCTIONS
(entrances, doors, windows etc.)
to concentrate
- orientation towards public spaces
to disperse
- orientation away from public spaces

4. RELATIONS BETWEEN MOBILE & STATIONARY PEDESTRIAN ACTIVITIES
to concentrate
- same spaces for moving and staying
to disperse
- separate spaces

DESIGNING THE SPACES / DESIGNING THE EDGES

1. DIMENSIONS (LENGTH, WIDTH, AREAS)
- designing in relation to human senses / no. of persons
- small dimensions
- "small spaces in big ones"

2. STRUCTURE / FORM
- spatial sequences
- closed vistas

1. INTERFACE BETWEEN PUBLIC & PRIVATE SPACES
to concentrate
- soft borders / overlapping
- semi public front areas
- phys. & psych. accessibility
to disperse
- hard edges / walls

2. DEGREE OF TRANSPARENCY BETWEEN PUBLIC & PRIVATE
to concentrate
- windows
- short distances
to disperse

DESIGNING / DETAILING THE PUBLIC SPACES (the pedestrian landscape)

12条标准

1. PROTECTION AGAINST TRAFFIC & ACCIDENTS
- traffic accidents
- fear of traffic
- other accidents

2. PROTECTION AGAINST CRIME & VIOLENCE
- lived in / used
- streetlife
- streetwatchers
- social structure & identity
- overlapping / cohesion in space & time
- lighting (when dark)

3. PROTECTION AGAINST UNPLEASANT CLIMATE
- wind
- rain, snow
- cold / heat
- draft

4. PROTECTION AGAINST UNPLEASANT SENSE-EXPERIENCES
- noise
- smog
- stench – smell
- dirt – dust
- blinding

5. POSSIBILITIES FOR WALKING
- space for walking (dimens.)
- lines of walk (organized)
- distance of walk (m/feet)
- distance of walk (experienced)
- surface (materials)
- surface conditions (snow etc.)
- change of level

6. POSSIBILITIES FOR STANDING
- standing zones
- standing spots
- support for standing

7. POSSIBILITIES FOR SITTING
zones for sitting
maximizing advantages
primary sitting poss.
secondary sitting poss.
benches for resting

8. POSSIBILITIES TO SEE
seeing – distances
unhindered lines of vision
views
lighting (when dark)

9. POSSIBILITIES FOR HEARING / TALKING
- noise level
- talking distances
- bench arrangements a.o.

10. POSSIBILITIES FOR PLAY / UNWINDING
- play
- dance
- music
- theatre
- soapbox speeches a.s.o.
different agegroups
different people

11. POSSIBILITIES FOR A MULTITUDE OF OTHER ACTIVITIES
- space / area
- permission / accept
- "challenges"
- "generators"
summer / winter / day / night

12. POSSIBILITIES FOR PEACE / ISOLATION / INACTIVITY

13. PHYSIOLOGICAL NEEDS
- eat / drink
- rest
- run / jump / play
- public toilets!

14. SMALL SCALE SERVICES (FRIENDLY GESTURES)
- signs
- telephonebooths
- postboxes
- notice boards
- maps of town
- pushcarts / babycarts
- waste paper baskets

15. DESIGNING FOR ENJOYING POSITIVE CLIMATE ELEMENTS
- sun
- warmth / coolness
- breeze / ventilation

16. DESIGNING FOR POSITIVE SENSE-EXPERIENCES
- aesthetic qualities
- views
- nature · plants trees, flowers, animals

D. MAINTENANCE / CHANGE

1. DAILY MAINTENANCE
"built in" reasonable possibilities for:
- cleaning
- snowremoval
- icemelting
- etc.

2. REPAIR / UPKEEPING
"built in" sturdiness
- repairing
- painting
- re-planting
- etc.

3. BUILT IN CHANGEABILITY – FLEXIBILITY
- daily
- day to day
- summer / winter
- time to time

4. A POLICY FOR PUBLIC DECISIONMAKING – ON CHANGES

JAN GEHL OCT. 1978

实践中的感受和尺度

——通常情况下的感知距离

研究者：扬·盖尔等人
地点：丹麦哥本哈根
时间：进行中，1987—2010年
方法：验证理论、测量、拍照、收集案例
出版物：扬·盖尔著，《人性化的城市》，华盛顿特区，Island出版社，2010年[33]

为了更密切地关注公共生活及其与公共空间的互动关系，更多地了解人的感知是十分必要的。我们需要用这个知识使城市更好地适合于人性化的尺度。其中，美国人类学家爱德华·T·霍尔*和环境心理学家罗伯特·萨默**已在这一领域出版了不少著作。[34]然而，解读人的感知与城市和公共空间的尺度关系是一回事，在实践中检验它们又是另外一回事了。

在研究人的感知与公共空间关系上，距离是非常重要的方面。通常对人的感知和移动的可能性来说，城市空间的尺度都太大了。虽然科技和社会进步了，但人不过是身高约175厘米、有着水平视角、并且在距离、角度上看物体受局限的步行动物。

我们的视力允许我们发现100米之内人的运动，但是允许我们能进行社交互动和发现细节的距离就比这缩短了许多。这影响着我们如何布置环境，无论是公共空间、歌剧院、教室还是家里的饭桌周围。

当然，最好的测试方法是去歌剧院或其他公共空间亲身感受，从自身的感受出发，（看一看）空间是否过大、过小，或恰好合适。个人亲身体验空间关系和尺度总能带来最有用的影响。

一旦我们开始测量、收集和系统地归纳整理自己的观察和得到的案例时，像人体尺度，人的感知和需求这些概念变得更加有实质性的意义。它们将不再是项目收尾回顾时才想起来的内容，而是可以自然而然地构成人们设计城市、建筑和公共空间的出发点。

随着人们越来越多地运用计算机来模拟设计城市、公共空间和建筑，这使得人们对公共空间和公共生活间相互作用的亲身体验变得越来越重要了。

本页的图示诠释了我们关于距离、人的感知和尺度的实践检验所获得的知识。基本思路是让观察者走出去，通过做可以将抽象知识转化为日常情况的小测试来体验现有情形是如何发挥功能的，以便更好地理解实际的结果，更好地与外行和专业人士沟通这个信息。测试规模也作为一种教学方法被强烈地推荐。

---

*（Edward T.Hall，1914-2009年），著作有《The Silent Language》(1959年)、《The Hidden Dimension》(1966年)、《The Fourth Dimension in Architecture: The Impact of Building on Behavior》(1975年)等。以提出的人与人之间“四种空间距离”而被人熟知，即公众距离（Public distance）、社交距离（Social distance）、个人距离（Personal distance）、亲密距离（Intimate distance）。——译者注

** Robert Sommer,1927年生，现为美国加州大学戴维斯分校的心理学名誉特聘教授。他出版、发表了14本著作和600多篇文章，其中最为著名的为《Personal Space: The Behavioral Basis of Design》(1969年)。——译者注

扬·盖尔的书《人性化的城市》（2010年），举例说明了在实际测试中人类感官的理论。图表和照片显示了一个地面上的人与高楼上不同楼层的人之间的交流测试。5楼以上高度，交流就已经消失。[35]

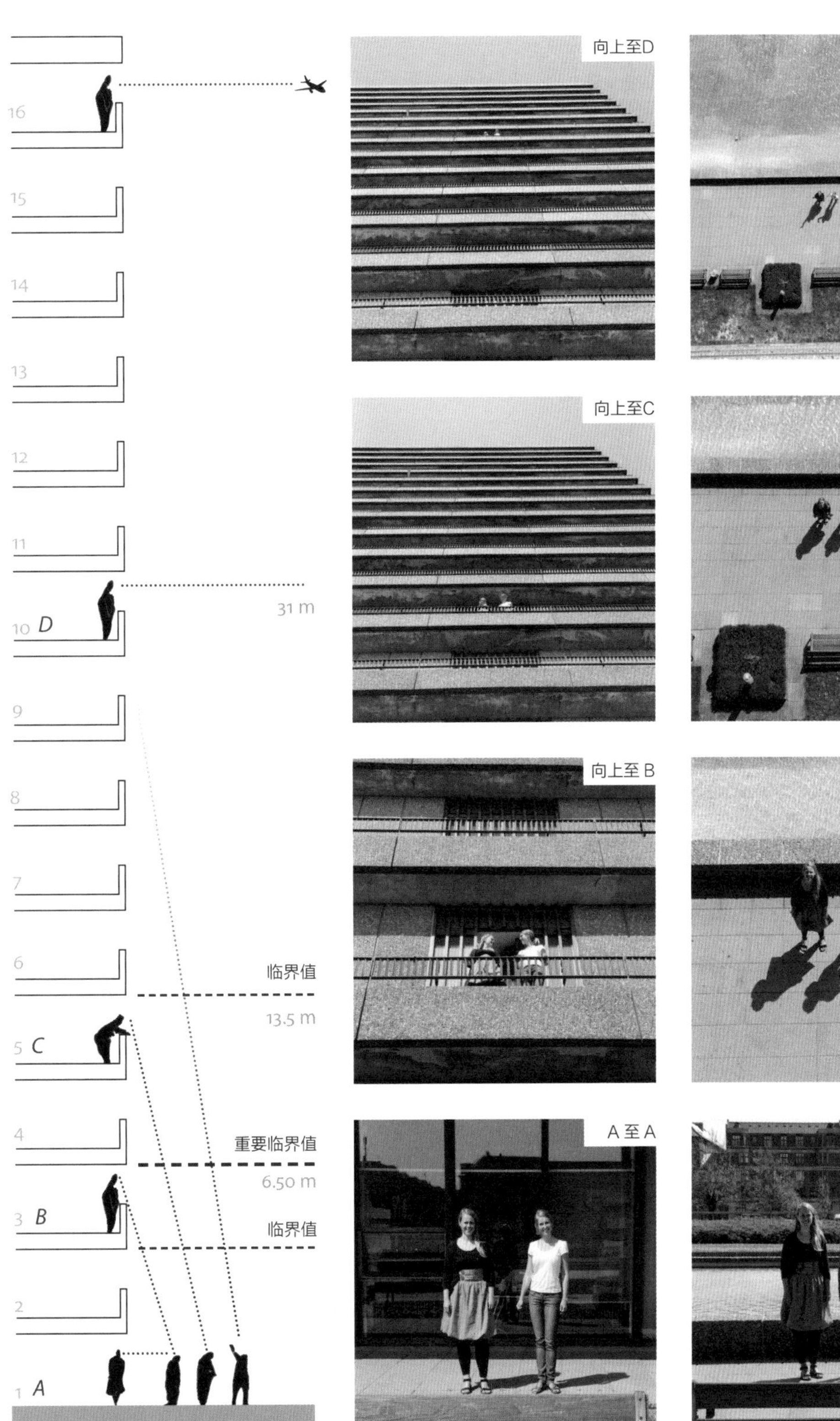
16
15
14
13
12
11
10 D
31 m
9
8
7
6
临界值
13.5 m
5 C
4
重要临界值
6.50 m
3 B
临界值
2
1 A
向上至D
从D向下
向上至C
从C向下
向上至 B
从B向下
A 至 A
A 至 A

充满活力的城市空间

——威廉·H·怀特理论在一挪威小城的运用

研究者：卡米拉·里希特（Camilla Richter）、弗里斯·凡·德乌尔斯（Friis van Deurs）、扬·盖尔建筑师事务所及工作坊成员
地点：挪威阿伦达尔市
时间：2012年1月23日，周一下午，天冷、有雪
方法：测试人们如何体验公共生活和公共空间的理论
出版物：未出版

需要多少人才能使公共空间充满活力呢？在小型社区中创造公共生活是可能的吗？威廉·H·怀特的理论认为，人的视野内需要有大约16.6个行人才能使公共空间具有都市感和活力感。挪威小镇的规划者们将威廉·H·怀特的理论在规划中进行了诠释。[36] 在一个包括公共生活研究在内的工作坊，让参加工作坊的成员穿过中央公共空间来验证怀特的理论：首先让2人走过，然后分别是4人、10人、14人一起过去，最后是20人。其他的参与者来评价广场是否看上去有都市感和活力感。当广场上有2到10位行人时，他们不觉得如此，但他们一致赞同当广场上的行人增加到14至20人时，这个广场才给他们以都市和充满活力的感觉。[37]

挪威小镇的测试数据支持了怀特20世纪70年代在曼哈顿进行的实验。在挪威小镇14个人就足以使得广场生气勃勃。这个实验和怀特的数字强调了场地聚集功能和人在场地的重要性，不管是小镇还是大都市，只要有人气才能让场所充满生气。但知道它的理论是一回事，在实践中检验理论又是另一回事了。

随后研究者要求20位参与者中的大部分人沿着人们最常停留的场地边缘驻足，并要求剩下的参与者来评价这种方式会对空间活力的感受产生何种影响。毫不意外的是，参与评价的人迅速并坚定地指出广场变得冷清多了。因为大部分的公共活动都沿着边缘处发生，如果公共空间要想避免落到无人光顾的尴尬境地，那么这个实验很好地说明了尺度的重要性。

在中间

在边缘

研讨会的一部分参与者站在挪威阿伦达尔Sam Eydes广场（710m^2），而其他的参与者则评估广场看上去是否有活力。照片显示了20个参与者，并在上下文中他们描述该活动对城市很有意义且充满刺激。

增加座位的效果

——当座位数量增加一倍的话，坐的人会更多吗?

研究者：扬・盖尔建筑师事务所
地点：　挪威奥斯陆市阿克码头区
时间：　1998年8月和2000年8月
方法：　纪录改造前后座位数量和人们坐歇情况
出版物：扬・盖尔著，《人性化的城市》，华盛顿特区，Island出版社，2010年[38]

基于对曼哈顿的大量研究，怀特在《城市小空间中的公共生活》一书中指出："人们最倾向坐在有座位的地方。"关于他的结论，怀特写道："此发现也许不会被你看作一件科学上的重大发现，现在当我回顾我们的研究时，我不明白为什么此结论没有在一开始就有很多显现。"[39] 这的确听上去是显而易见的，但此理论在实际中真的是这样吗？怀特的理论在20世纪90年代末，在对奥斯陆的研究中得到了验证。

1999年，奥斯陆阿克码头区域的公共空间被改造翻新，此工程建立在对此地开展的一项公共生活研究的基础之上。1998年夏天，研究者通过这项对"公共空间-公共生活"的研究，仔细考察了那里的公共空间、家具设施、各项细节，以及诸多游客对该空间使用的情况。结果指出该地可以坐歇的地方显然太少了，且能坐歇地方的品质又太差。[40] 作为更新改造工程的一部分，新的巴黎风格的双侧长椅原地取代了旧的长椅。总的来说，更新改造后的变化为游客们提供的座位增加了一倍以上(129%)。

与第一次研究时隔整整两年后的一天，正好也是一个天气良好的夏日，该地的长椅使用情况被再次记录下来。从中午12点到下午4点研究者数了四次人数，数据统计显示了在阿克码头区域就座的平均人数增加了12%。[41] 简而言之，座椅数量增加一倍就意味着坐座椅的人也增加了一倍。

在挪威奥斯陆阿克码头区，当安置的座椅的数量翻倍，停坐着的人数也翻倍。

上，白字：丹麦哥本哈根，斯特勒格特步行街100米长的街道。

下，红字：斯特勒格特步行街直接延伸: 100平方米的广场；阿玛格托乌广场。

百米街道、百米广场

——步行速度研究

研究者：克里斯蒂安·斯科鲁普（Kristian Skaarup）和比吉特·斯娃若（BirgitteSvarre）
地点：丹麦哥本哈根斯特勒格特步行街和阿玛格托乌广场的百米长路段
时间：2011年12月的工作日
方法：见下文
出版物：未出版

总体来说，城市是由移动空间和停留空间组成的，即由街道和广场组成。这个小研究提出了一个基础性的问题，即人们在街道和广场上的移动速度分别有多快？研究假设为由于广场的特征和作为场所给人们传达的心理暗示，故行人穿过广场的速度比在街道上行走的速度要缓慢。此假设是通过研究行人在一条通向广场的街道上的步行速度进行验证的，在这个试验中，街道的环境随着接近广场而发生变化。行人在广场上的步行速度会比街道上慢吗？

研究者通过记录在与哥本哈根市不同大街相连的各类广场上行人移动的情况，才选定了适合的观测地点，即斯特勒格特步行街上的阿玛格托乌广场。此广场四周的建筑和功能特性相同，因此降低了其他因素影响步速的可能性。任何带有可能降低步速的障碍或有外表差距过大的立面而影响到行人的研究地点被统统排除。

研究在测量的100米广场场地和同样距离的街道上进行。在这段距离内，当有人步入起点线的时候研究人员就按下秒表开始计时，在穿过100米后的终点线时按下秒表停止计时。另一个秒表被用在当有人步入广场时开始计时，在走过100米以后停止计时。

为了获得有代表性的数据，研究人员对每三个穿过起点线中的第三个人进行跟随记录。总共实测了200人的步速。起初相当一部分测定是研究人员跟随研究对象的后面走，但进行一段时间后，观察者在某商店的二楼里发现了一处上佳的观测点，整个研究范围尽收眼底，毫无遮挡。

步速研究证实了步行者从街道空间走到广场时速度会有所下降的论点。不过，步行速度降低的量是有限的：从在街道上步行速度的4.93公里/小时，到广场上的4.73公里/小时，即大约减缓了5%。尽管如此，大多数步行者还是放慢了脚步。虽然开展研究时的气候较冷，气温在5℃左右的且阴冷灰暗不适合散步的冬日。

由于步行速度的差异很小，研究中考虑到了是否有很多走得快或走得慢的人往一个指定的方向行走。为了测试此因素，研究者（在数据整理中）去掉了与平均数值相比较相差较大的数据，然而这些数据对结果并没有显著影响。

当观察人员前往小镇研究人们的步行速度时，精确地计算出人们的步行速度是很有难度的。这些研究的确有难度，人眼是难以判定行人是沿着街道或广场的步行速度的区别的。但可以通过测量行人在街道和广场上各走100米时所花的时间，这样记录的数据可以确认其区别。

通过此项研究，观察者得到的另一个结论就是收集足够的测量数据需要极大的耐心，因为很少有人会直接从A点走到B点。

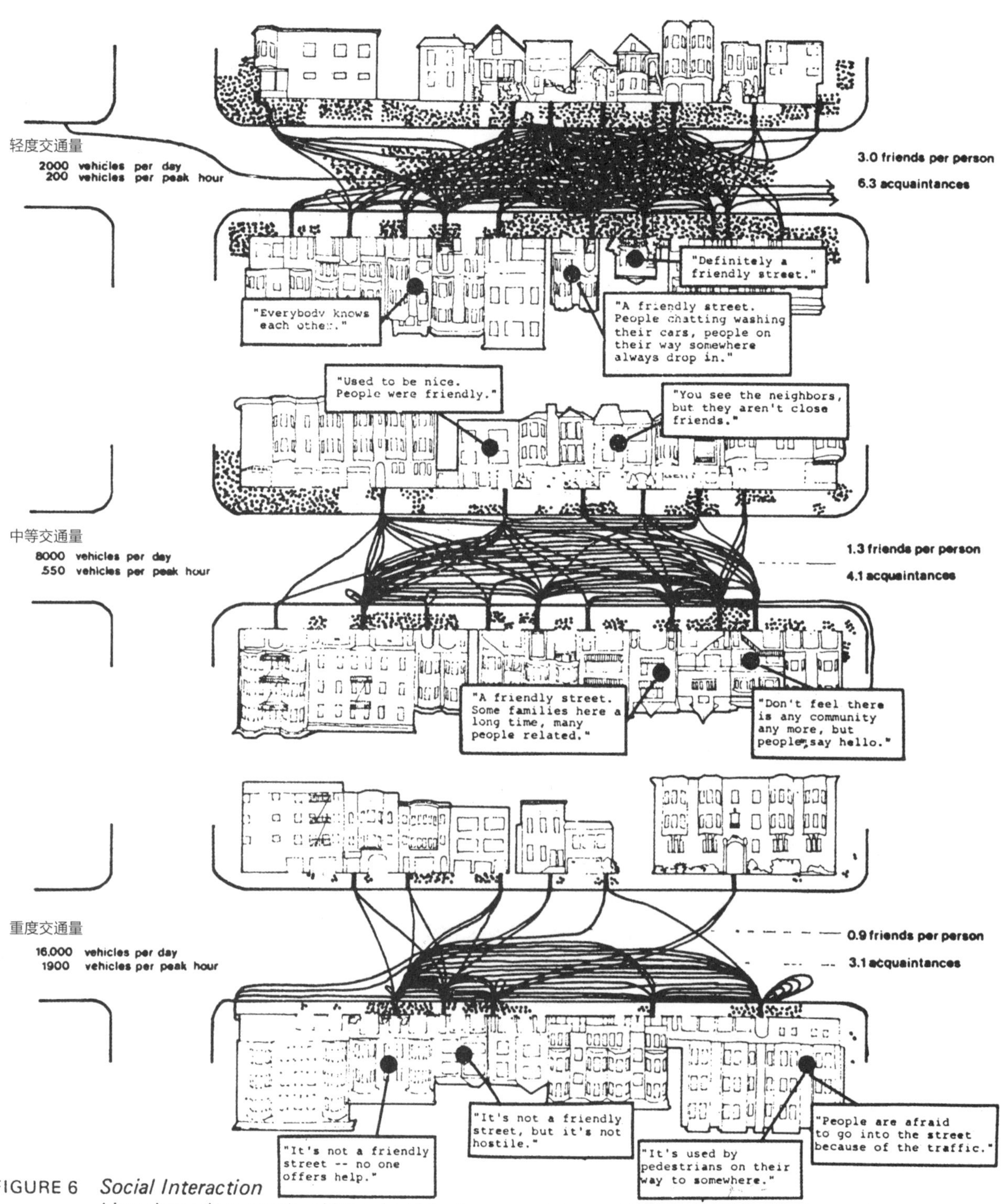
轻度交通量
2000 vehicles per day
200 vehicles per peak hour
3.0 friends per person
6.3 acquaintances
"Definitely a friendly street."
"Everybody knows each other."
"A friendly street. People chatting washing their cars, people on their way somewhere always drop in."
"Used to be nice. People were friendly."
"You see the neighbors, but they aren't close friends."
中等交通量
8000 vehicles per day
550 vehicles per peak hour
1.3 friends per person
4.1 acquaintances
"A friendly street. Some families here a long time, many people related."
"Don't feel there is any community any more, but people say hello."
重度交通量
16,000 vehicles per day
1900 vehicles per peak hour
0.9 friends per person
3.1 acquaintances
"It's not a friendly street -- no one offers help."
"It's not a friendly street, but it's not hostile."
"It's used by pedestrians on their way to somewhere."
"People are afraid to go into the street because of the traffic."

FIGURE 6 *Social Interaction*
Lines show where people said they had friends or acquaintances. Dots show where people are said to gather.

交通干道抑或充满活力的城市街道

——社交关系与交通

研究者：唐纳德·阿普尔亚德和马克·林特尔（Mark Lintell）
地点：加利福尼亚州旧金山市三条平行的街道：富兰克林大街（Franklin Street）、歌赋街（Gough Street）和奥克塔薇尔街（Octavia Street）
时间：1969年
方法：行为地图和访谈法
出版物：唐纳德·阿普尔亚德和马克·林特尔合著，《城市街道的环境质量：居民的观点》（The environmental quality of city streets：The residents' viewpoint），《美国规划者协会会刊》（Journal of the American Institute of Planners），1972年第3期[42]

20世纪60年代与日俱增的交通流量促使了唐纳德·阿普尔亚德和马克·林特尔开展了汽车交通对街道生活影响的研究。在那之前，交通对社会影响在很大程度上被忽略了，“城市街道的研究几乎完全都集中于增加交通通行量这一议题上，例如拓宽街道、标识化、单行道等措施上，并没有同时考虑到这些改变的环境和社会成本。”[43]

阿普尔亚德和林特尔选取了旧金山的三条居住区街道，它们带有相同的特点，但交通流量不同。它们都是23米宽，并且两边都是二三层的出租公寓与单元公寓混合的楼房。三条街道最大的区别在于交通流量。观察显示，在24小时内，车流最小的街道驶过2000辆汽车，交通流量第二大的街道驶过8700辆，交通最繁忙的街道每天有15750辆汽车通过。为了研究交通对这三条街的活动方式的影响，阿普尔亚德和林特尔在街道地图上标出他们的观察情况。他们也标记了不同年龄群体使用的不同的公共空间。

对面页的图表分别显示了分别为重度交通量、中等交通量和轻度交通量的三条街道。线条表示他们的朋友或熟人在街上来来回回地走，而点则表示人的聚集处。凭借强大的图形清晰度，示意图说明了研究的结论：交通量越大，公共生活和社交互动就越少。[44]

他们还采访了居民关于其在街上哪里聚集及邻里熟人的情况，以作为研究观察的补充。有朋友和熟人关系的住宅用线条连接，他们的见面地点用点标出。

研究记录清楚地表明，与交通量小的街道相比，交通拥挤的街道上的街头活动和社交关系发生的明显很少。研究结论在研究图上也能很容易地看到，因为街上熟人之间的打交道是通过连接线表示出来的，而不是数字和图表的抽象形式。

就停留活动而言，显然在交通最少的街道上的停留处（点）最多，并有更多的区域供人停留。孩子们在交通流量最少的街道上玩耍，而且很多人会待在房子的门廊和门口处。在交通量第二多的街道上，街道活动减少了许多，这些活动多发生在人行道上。在交通最拥挤的街道上，人行道也更窄，活动被限制在建筑的入口处。

为了阐明不同程度的交通流量的后果，这项研究的重点不是在交通安全和事故统计这种显而易见的主题上。相反，研究者研究的是交通对居民社交生活的影响。

随后，阿普尔亚德也在不同收入水平和混合族裔居民居住的街道上开展了类似的研究。这些后来的研究支持了最初探索研究中关于交通对社交生活影响的结论。阿普尔亚德的研究被视为在公共生活领域的经典案例。这个研究如此广为人知的原因之一，是其结论以异常清晰和直观性强的图示的方式来表达。任何人看到这种图都能一目了然地明白，交通拥挤街道所带来的极其严重的问题。

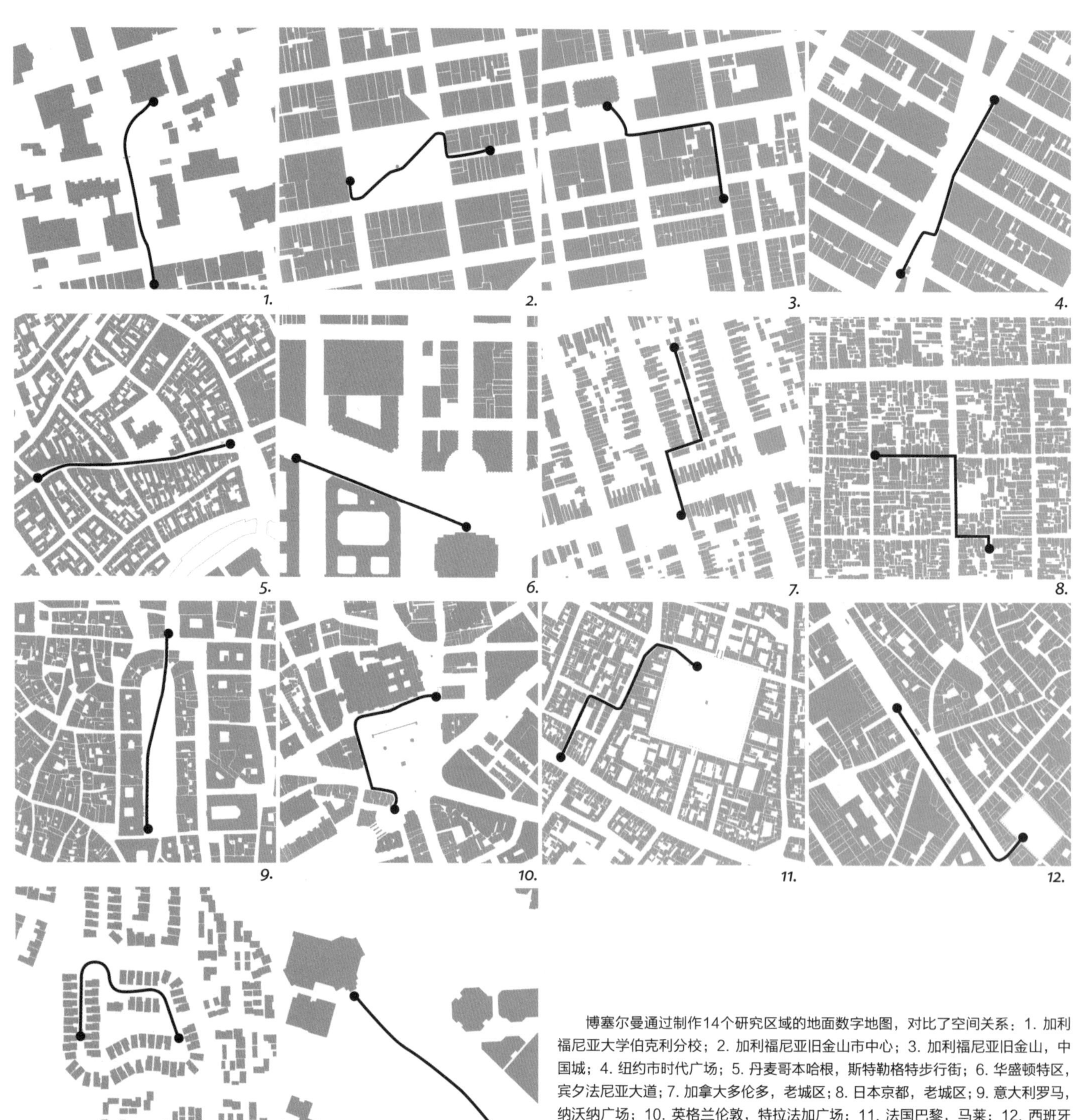

博塞尔曼通过制作14个研究区域的地面数字地图，对比了空间关系：1. 加利福尼亚大学伯克利分校；2. 加利福尼亚旧金山市中心；3. 加利福尼亚旧金山，中国城；4. 纽约市时代广场；5. 丹麦哥本哈根，斯特勒格特步行街；6. 华盛顿特区，宾夕法尼亚大道；7. 加拿大多伦多，老城区；8. 日本京都，老城区；9. 意大利罗马，纳沃纳广场；10. 英格兰伦敦，特拉法加广场；11. 法国巴黎，马莱；12. 西班牙巴塞罗那，兰布拉大道；13. 加利福尼亚奥兰治县，尼古湖，封闭式社区；14. 加利福尼亚帕罗奥图，斯坦福购物中心。线条标示的为350米距离的路线。

或长或短的几分钟

——行进中对公共空间的体验研究

研究者：彼得·博塞尔曼
地点：多个地方
时间：1982—1989年
方法：4分钟散步
出版物：彼得·博塞尔曼著，《再现场所》，伯克利：加利福尼亚大学出版社，1998年[45]

在试图重现其在威尼斯4分钟散步的生动经历后，博塞耳曼想研究一些其他350米的路线。理论上说这段路线应该与威尼斯的那次步行耗时相同，但对花费时间的感受也许不同。

博塞尔曼在世界各地城市结构迥异的地方选定了14种不同的路线。为了比较空间特征，他运用了区域性的“地景地图/地表地图”（figure/ ground maps）。这些图形清晰的地图显示出了各种路线不同的空间特征：例如从西班牙巴塞罗那密集的传统城市结构，到加利福尼亚伯克利开放的校园区，从加利福尼亚奥兰治县住宅小区蜿蜒的街道，到加利福尼亚帕罗奥图广阔的购物中心和开放空间地带。地图上附有博塞尔曼对不同路线与威尼斯步行感受描述的参照对比。博塞尔曼测试行走这些路线感觉比威尼斯那段350米的路线是长还是短。一段4分钟的步行可以作为一个比较对不同路线感受的工具。

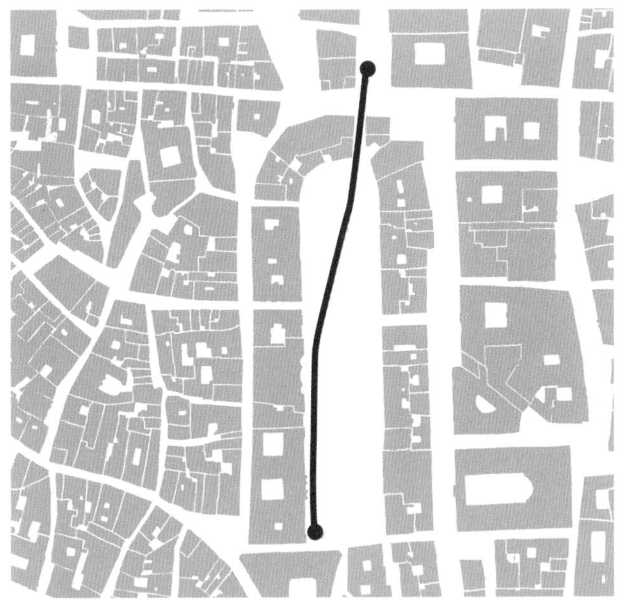

与在威尼斯的4分钟步行体验相比，彼得·博塞尔曼评价了走过所有路线的休验。这是他对在罗马纳沃纳广场（左）步行的评价：“令我惊讶的是，在威尼斯的漫步，与在罗马的纳沃纳广场漫步体验是一样的。尽管我声称很了解它，我仍然低估了它的大小，我以为只需要在威尼斯步行的一半时间即可；然而事实上，穿过广场需要4分钟。”[46]

胶片上的街道芭蕾

——公共空间小场景的延时摄影研究

研究者：　威廉・H・怀特
地点：　　街道生活项目，纽约市
时间：　　1971—1980年
方法：　　延时摄影
出版：　　威廉・H・怀特，《城市小空间中的公共生活》，纽约：公共空间项目，1980年[47]

公共空间中的生活由很多微小而不起眼的事情组成，但我们如何能够记录和说明这些每日都发生的小事呢？

无论是谁，只要试过给公共空间中发生的情况拍照就会知道，即便这种拍照可能实现，为了捕捉自己目击到的一个事件瞬间也需要极大的耐心。很多瞬间都确实是“转瞬即逝”。此外，或许有些情况也无法只用一张照片表现，因为，虽然事件的发生只是白驹过隙的眨眼之间，但其前因后果构成的事件序列无法定格在一张快照之中。

威廉・H・怀特对透露人们如何使用公共空间的微不足道的日常生活信息尤为关注，他用延时摄影复制了在城市街道、广场和人行道，特别是街角上演的小事件，也就是被简・雅各布斯称为的“街道小芭蕾”（small street ballets）。

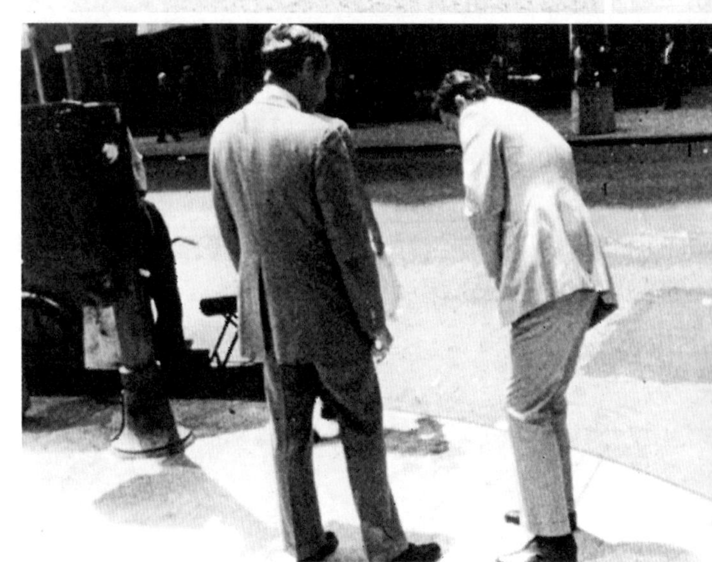

本页和下页展示了怀特在20世纪70年代在曼哈顿街角用延时摄影捕捉到的一个场景：一个商人正在向另一个人演示如何挥动高尔夫球杆。第一个商人正在调整第二个人手臂的位置，隐形的高尔夫球杆在空气中被挥舞起来，击球人通过最终调整好了后腿的位置完成了此套动作。怀特就这样在城市中捕捉和描述了所发生的情形，为弄清楚为什么这两个人恰好是在这个街角停下来交谈，而不是停在人行道中间。

怀特认为这种情况是不会随处发生的，并描述了他认为的理想中最佳的街角：“纽约最好的街角之一是第49街和美洲大道沿着麦格劳-希尔（McGraw-Hill）大厦的交叉口。”这个街角拥有最理想街角所有的基本要素：可坐的空间、叫卖食物的摊位和密集的步行人流，街角中间是个受人青睐的聊天地点。[48]

最上面一系列照片展示了另一个延时摄影作品，一个女人稍微移动了一下她的椅子，既不为了晒到太阳也不是要避开阳光或其他什么，而是为了占据这个空间或为显示她在此地的控制权。她要展示她要坐在什么地方的机会。怀特用短短一系列照片展示某人想要划地盘归己所有的欲望，比任何语言的叙述都更加有效，虽然怀特也用了生动的文字来补充和诠释图片以引导读者。

自怀特在20世纪70年代进行了这些研究之后，延时摄影技术得到了发展。同样，怀特在他的《城市小空间中的公共生活》一书的结尾部分描述了延时摄影的应用仍然是有用的和有指导意义的。比如怀特写道，相机要放在从街上（行人）看不到的地方，延时摄影（有它）的局限性，以及（如何）对材料解读："让我再次强调一遍，你必须知道要寻找的是什么，否则你永远看不到它，而直接观察是前提。"[49] 对怀特来说，直接观察是能够对照片材料作出有效分析的前提。

文字来源于《城市小空间中的公共生活》。

上方图组："移动椅子的冲动，无论只是2米还是2.5米，这种冲动都是很强的。即使这并不会影响座椅原本的功能，行使选择（权）仍让人感到满足。也许这就是为什么上图中的女人把她的椅子移动了30厘米——既不是为了晒太阳也不是为了遮阴。"[50]

底部图组："华尔街的一角是商务会谈的好地方。"[51]

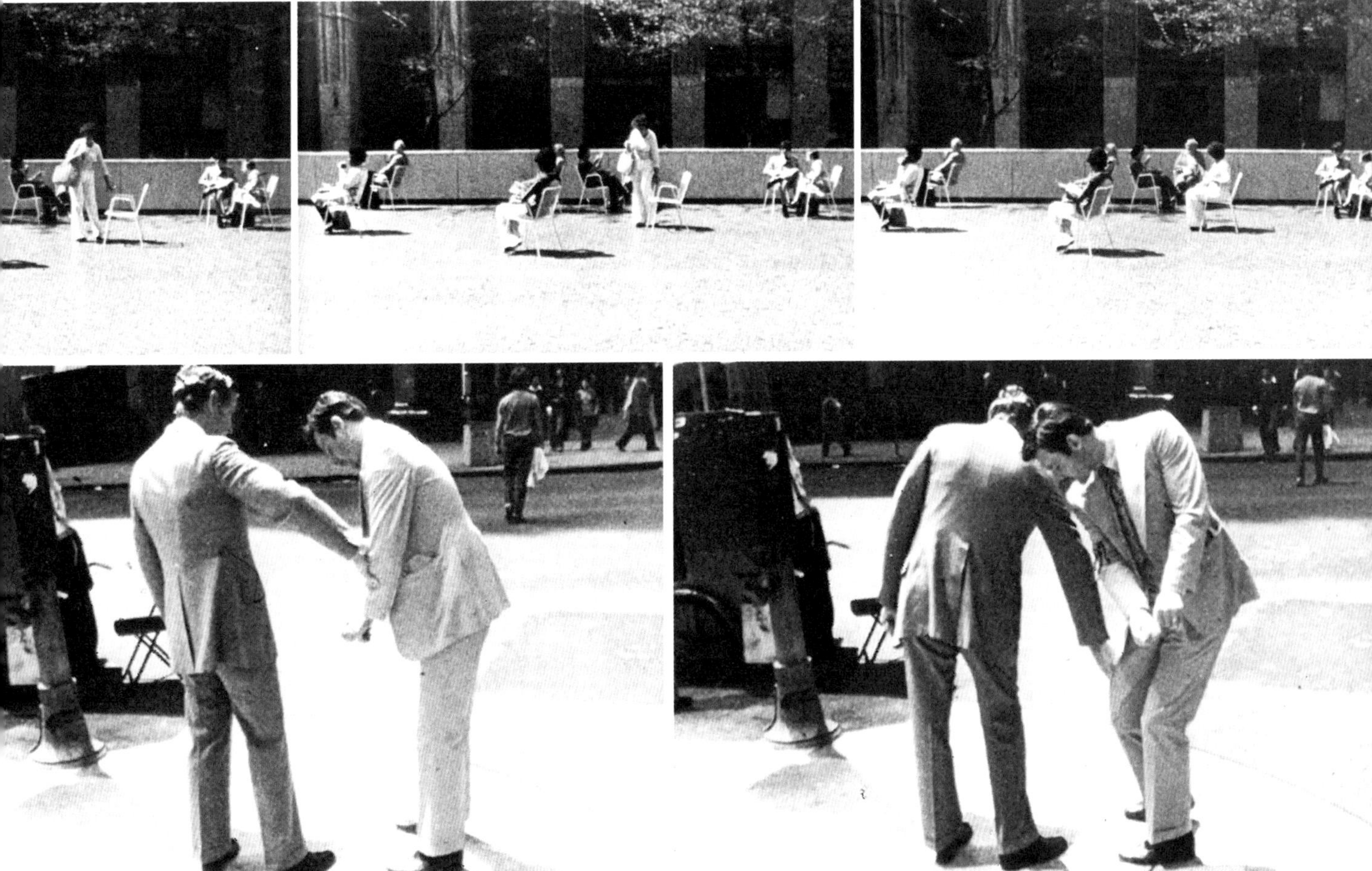

400 m
800 m
400 m
800 m

汽车司机也是行人

——欧洲三城市中心GPS发射器行人行踪研究

研究者：斯特凡·凡·德·什佩克和代尔夫特理工大学
地点：英国诺里奇，法国鲁昂，德国科布伦茨的市中心
时间：诺维奇，2007年6月；鲁昂和科布伦茨，2007年10月
方法：GPS记录和问卷调查（questionnaires）
出版物：斯特凡·凡·德·什佩克著，《"运用GPS记录城市历史街区中的行人轨迹"——在街道层面的欲望》（"Tracking pedestrians in historic city centers using GPS" in Street-level desires），收录于由侯芬（Hoeven）、史密特（Smit）和斯派克（Spek）主编的《用脚步发现城市》（Discovering the city on foot）的一书，2008年[52]

2007年荷兰代尔夫特理工大学建筑师斯特凡·凡·德·什佩克在三个欧洲城市的市中心研究了行人的活动。他给步行者配备了GPS发射器，用来在地图中标示他们去过和没去过的街道和区域。其目的是为了更好地定位购物和娱乐的机会。

GPS发射器被发放到了在市区边缘的停车场里停车的来访者。在诺里奇、鲁昂和科布伦茨这三座城市里各选择两个位于市中心两端边缘的停车场，停车场选址的必要条件是其能直接通往城市中心。研究选择停车场的原因是为了确保参与者能够交还GPS发射器。

实验参与者通过回答前往市中心的活动计划被挑选出来，选择的标准以购物和娱乐为主。若被询问者符合标准，他们便得到一个GPS发射器和一份关于此项研究目的和结构的信息表。在他们返回到停车场时需填写一份关于背景信息的问卷。

如下页图所示，GPS发射器的信息在研究区域的地图上用点来表示。参与者的定位每隔5秒钟用点标记一次，精度可精确到3—5米以内，也就是GPS发射器在2007年的精度水平。每条线代表一个人或一群人，目的是形成具有可读性的移动总路线。

在这三座城市中，从停车场出发的人们使用了城市的大部分地区。也许由于某种障碍，城市中也有区域没有被造访，但整体的情形是清晰的：从停车场出发的人走遍了整个城市中心。[53]这项研究说明了明显而重要的一点：开车人也是行人。

现在，GPS研究在许多不同领域得到迅猛地发展，我们设想这种方法将来会被广泛应用。

当参与者从城市步行回来时，采访者会将背景信息填入调查问卷中。

对面页：英格兰诺里奇的地图。

上：诺里奇市中心边缘的Chapelfield停车库，GPS设备在这里发放给参与者。

下：圣安德鲁斯停车库，市中心的另一个接入点，参与者也在此处领取GPS设备。圆点表示参与者在诺里奇市中心停留和移动的地方。

6

实践中的“公共空间-公共生活”研究

PUBLIC SPACES
AND PUBLIC LIFE
PUBLIC SPACES PUBLIC LIFE
jan gehl & lars gemzøe
ZÜRICH PUBLIC SPACES 2004
PUBLIC SPACES – PUBLIC LIFE
EDINBURGH 1998
City to Waterfront
Wellington October 2004
Public Spaces and Public Life Study
LEGIBILITY STUDY · PUBLIC SPACE · PUBLIC LIFE
BRIGHTON & HOVE
Chongqing
K2020
BYRUM & BYLIV
Aker Brygge, Oslo 1998
GEHL Architects
SVENDBORG 2006
Apeldoorn 2009
MELBOURNE 2004
Rotterdam 2007
GEHL ARCHITECTS

本章介绍了对不同类型城市开展公共生活研究的情况，其中包括了大小不等、现代和传统不一的城市类型。有些研究历时多年，有些历时很短。所有的研究案例都是由扬·盖尔和盖尔建筑事务所先后开展的。

正如名称所示，公共生活研究提供了物质（空间）框架和人们如何对其进行使用的两方面的知识。开展这些研究的目的是通过获取单个公共空间及其在何时、被如何使用等相关信息，从而为改善城市中的物质（空间）环境提供参考建议。

这些研究可以为制定发展规划和政治决策提供建议，或者可以通过前后对比来评估已实施措施的效果。获取更明确与系统性的关于公共空间与公共生活之间相互影响的知识，已经证明在提高和精准定位讨论议题方面是十分有效的，特别是在不同学科或管理部门之间的讨论。公共生活的研究在总体上不仅能为专业和政策方面的辩论提供一个平台，这些研究内容同样可以为更广泛的公众参与讨论提供帮助。

许多学者都已在实践层面开展了公共生活的研究，艾伦·雅各布斯与彼得·博塞尔曼在旧金山的研究，仅仅是其中的两个例子。[1] 扬·盖尔和盖尔建筑事务所开展的“公共空间–公共生活”研究的特别之处在于，这些研究是数十年间在许多不同国家和不同文化（背景）的城市中开展的，研究结果可以进行跨越地理纬度与穿越时间界限的比较。这不仅提供了一个有趣的研究视角，并且使各个城市能够顺应自身的发展，同时还能够与其他城市进行对比。

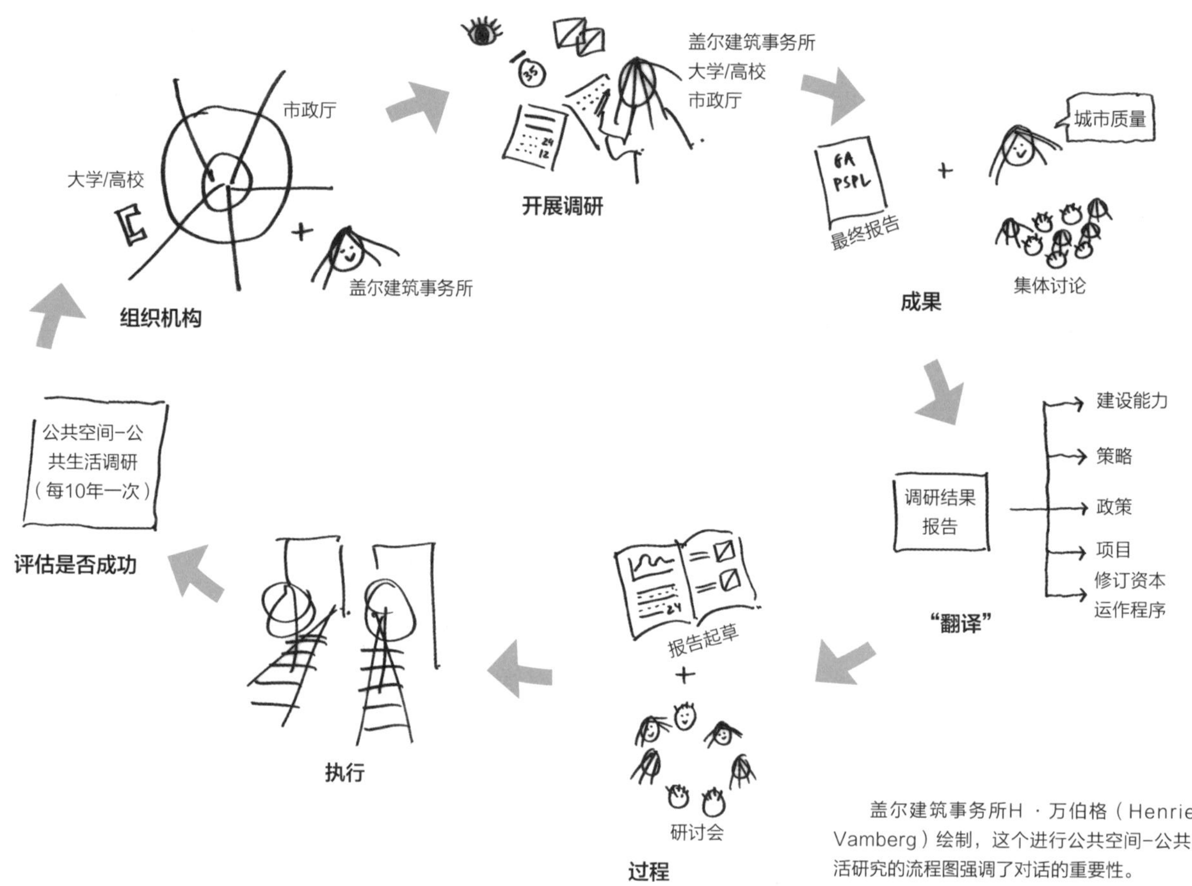

盖尔建筑事务所H ·万伯格（Henriett Vamberg）绘制，这个进行公共空间–公共生活研究的流程图强调了对话的重要性。

“公共空间–公共生活”研究

扬·盖尔及其后盖尔建筑事务所的“公共空间–公共生活”研究内容随着项目与研究场地的变化而变化。然而某些研究的内容是不变的，如计算行人的数量和记录延时性的活动（stationary activities）。提交给客户的除了以报告形式介绍的研究成果外，还有有关进一步改进空间环境的建议，而“客户”一般是一座城市。

作为研究项目而言，第一个大型城市生活研究是于1968年在哥本哈根进行的。1986年哥本哈根研究也具有一个研究目标。第一个真正意义上的以实践为导向的研究被称之为“公共空间–公共生活”研究——是在1996年进行的，它以早期城市生活研究作为坚实的平台。[2]

随后，“公共空间–公共生活”研究是在与当地的合作伙伴密切合作下开展的：合作对象可以是一座城市、一个城市区域、非政府组织和当地的商业人士，以及一所当地的大学或者其他对城市发展感兴趣的组织机构。

如果一所当地的大学能够提供观察者，那么这些研究通常会作为课程的一部分。培训观察者并非只是交给他们有关一项任务的操作指南那么简单。目的不仅是从方法上，更是从在规划过程与具体设计中总体上优先考虑人的因素，这一角度会给予学生关于他们未来工作的启发。

即便正在进行的观测是此时此刻看得见有多少人、在什么时间、在城市的什么地方，以及人们都在做些什么的记录，但“公共空间–公共生活”研究的长期目标始终都是为了使规划更加以人为本。也就是说在考虑建设和规划城市的时候，一定要将人放在基础设施、建筑、道路铺装等事项之前。

区域研究还是“穴位法”研究

在研究的计划阶段，城市或研究所关注的区域规模的大小在很大程度上决定了该如何开展研究工作。如果所关注的区域是由一个公共空间或街道划定界限的，那么观察记录的场地通常是明显的。研究一个公共空间进出的连接经常被证明是一件

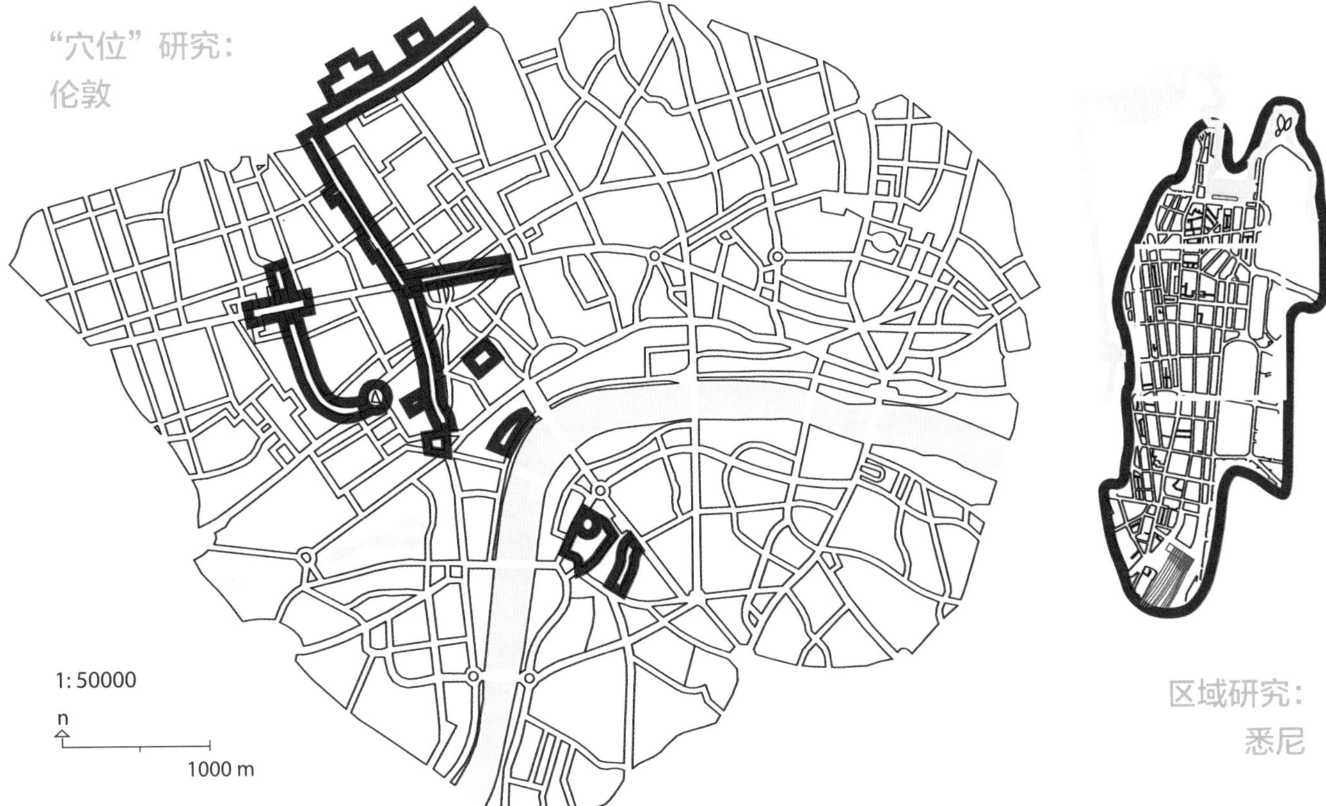

由于悉尼的目标区域覆盖面积只有2.2km^2，所以进行针对整个市中心区域的研究是可行的。然而，在伦敦24.7km^2的拥堵收费区，取而代之的是通过“穴位”法：5.5km的街道，53800m^2的公园和61200m^2的广场。[3]

有价值的事。

如果所研究的区域更大，例如一座城市行政区，去了解其整体的背景及找出可被记录的最有意思的地方还是可以做到的。绝大多数的“公共空间-公共生活”研究都是以这种方式来处理像城市中心区这样大型的聚合区域。

由此而论，许多城市中心区在尺度上非常一致：即使人口数量可能在50万人到数百万人不等，但一般而言都是1公里×1公里或者更大一点的约1—1.5平方公里的范围。对于城市中心尺度如此一致的明摆着的解释就是，1公里×1公里的范围是人们可接受的步行距离，这也就是说城市中心的所有地方都可以靠步行到达。我们可以把这称之为由人体生物学决定的标准尺度。

众多城市中心区域的面积都约为1—1.5平方公里，这一事实简化了对比。这个尺度同时使得研究区域变得相对简单与容易操作，并且整个城市中心区可以通过一个所谓的“区域研究”（area study）予以研究。区域研究在哥本哈根、斯德哥尔摩、鹿特丹、里加、悉尼及墨尔本等地都曾开展过，所有其他做过“公共空间-公共生活”研究的小一些的城市里也同样开展过区域研究。

对于远大于1平方公里的城市中心区或行政区而言，区域研究就显得太过广泛，所以“穴位”法（“acupuncture” method）可以被用于这些情形之中。也就是说选择出有代表性的街道、广场、公园和当地区域为研究对象。通过研究一个更大城市中的典型元素，便可以拼凑出一幅普遍代表这个城市的问题领域和机遇的图像。“穴位”研究就曾用于开展伦敦、纽约以及莫斯科的场地研究。[4]

40年：哥本哈根

在试行的基础上，购物街斯特勒格特变成了永久的步行街。（1962年）

《行走的人们》。仅丹麦文（1968年）

《城市生活》。仅丹麦文（1986年）

《公共空间·公共生活：哥本哈根》（1996年）

《新城市生活》（2006年）

10年：墨尔本

《人性化场所》（1994年）

联邦广场落成（2002年）

《人性化场所》（2004年）

2年：纽约

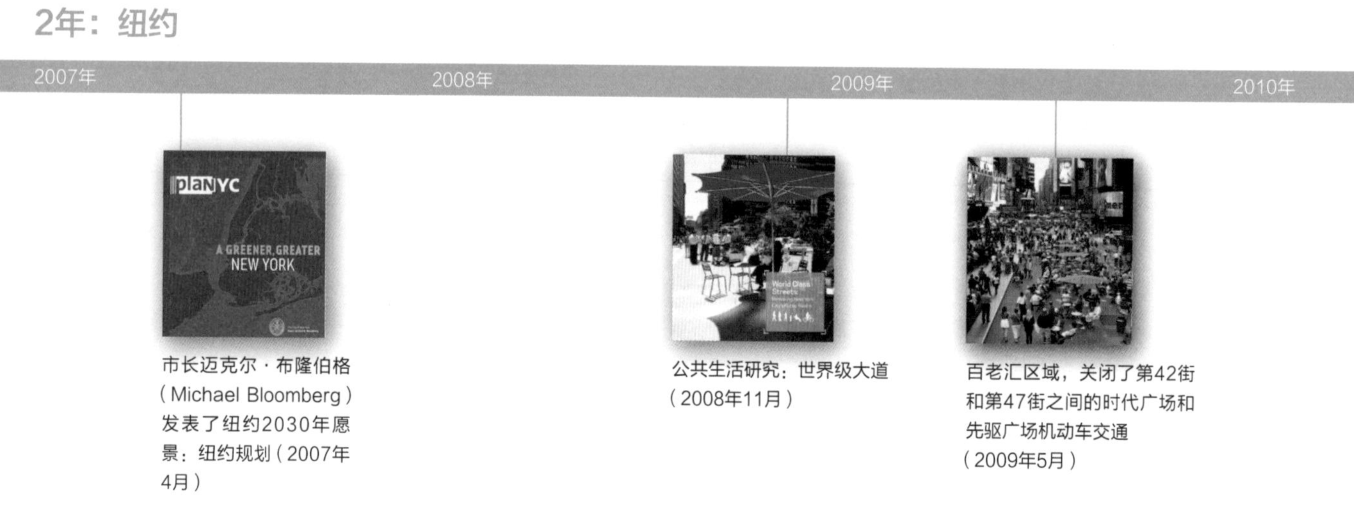

市长迈克尔·布隆伯格（Michael Bloomberg）发表了纽约2030年愿景：纽约规划（2007年4月）

公共生活研究：世界级大道（2008年11月）

百老汇区域，关闭了第42街和第47街之间的时代广场和先驱广场机动车交通（2009年5月）

“公共空间–公共生活”研究的成果

西澳大利亚科廷大学（Curtin University）可持续发展政策研究所的安妮·玛坦（Anne Matan）博士在撰写其博士论文《通过步行适宜性重新发现城市设计：对扬·盖尔贡献的评估》（Rediscovering urban design through walkability: An assessment of the contribution of Jan Gehl，2011年）过程中，曾先后采访了数位使用过由扬·盖尔和盖尔建筑事务所引导的“公共空间–公共生活”研究的城市规划者。[5]

她提问频率最多的问题之一是“‘公共空间–公共生活’研究能用在何处？”，得到的回答是：它们提供了关于实实在在发生过的事情的统计数据，而非只是假设臆断。这些研究使得公共空间其作用在更大的背景中体现出来成为可能。这些研究阐明了各种类型的公共空间如何在一天、一周及一年的不同时间内能被观察到的相互关系，提供了对城市的整体概况和看法，而非将其视为单个的城市项目。参与这项研究的一位城市设计师说：“以前我们往往只有一些大体上的想法，但通过‘公共空间–公共生活’调查，我们有能力更清楚地看到那些模式。”[6] 所以，这些研究能够为提供更为普遍的模式，以及在更大的背景下看待这些模式的知识。

除了作为一项评估现状的工具以外，“公共空间–公共生活”研究使人们可以制定更容易遵循和可调整的举措，以便使预期的目标更具有可行性并会被完成得很好。基于她对城市公共空间与公共生活研究参与者的采访，安妮·玛坦的结论是这类研究能够使城市实现简单的、有效的以及合理的改变。同时她证明了不同城市之间能有相互比较的机会也十分重要。

在使政治家和公众了解他们所在城市的现状及未来最期盼的发展方向时，清晰地表达研究结果是十分重要的。

以下章节将介绍几个开展了“公共空间–公共生活”研究的城市，并将研究结果应用于改善城市品质的案例。

历时多年的研究——哥本哈根

在1996年，哥本哈根成为首个事实上开展起“公共空间–公共生活”研究的城市。在此之前，城市生活研究作为丹麦皇家艺术学院建筑学院的研究项目已经进行了数十年。

自中世纪传承下来的哥本哈根的街道格局一直没有根本上的变化。但是，少数的街道在过去较长一段时期内发生了显著的改变，比如城市中2%—3%的停车区域被转变成了供人们活动的空间和自行车道。这些改变帮助哥本哈根发展为一座人行与自行车环境友好型城市，这一持续而有针对性的努力为提高这座城市的国际声望也作出了贡献。

这些变化在过去的多年间一直进行着，并且大约每十年开展一次这样的大型的城市生活研究，并记录下相应措施的成效。比如，那些记录文件证实了城市中无机动车广场的面积与停留性活动的活跃程度之间有着直接联系。空间越多，则生活越丰富。

通过每隔两年、五年或十年使用完全相同的方法来重复一项研究，便可以记录下人们使用该城市方式的变化。城市的“公共空间–公共生活”研究由此成为一个可以持续更新的知识银行。在许多其他城市，重复性的“公共空间–公共生活”研究也得到了开展，如奥斯陆，斯德哥尔摩、珀斯、阿德莱德和墨尔本等。

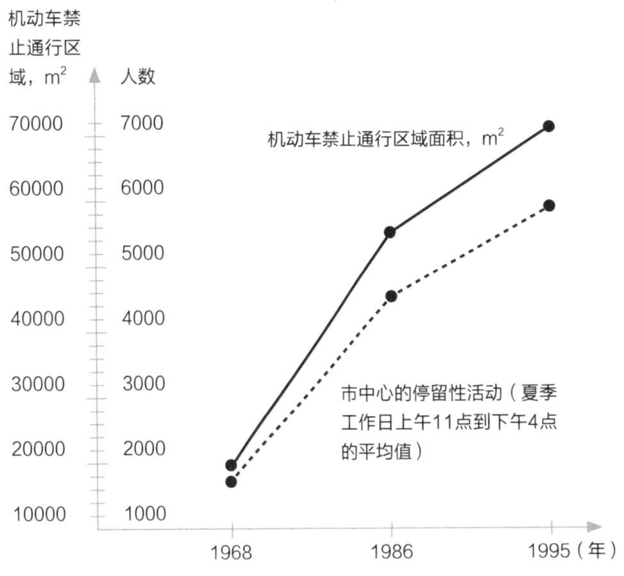

从1962年开始，哥本哈根市禁止机动车通行的区域逐渐增加。右图说明了1968年、1986年和1995年，市中心停留性活动的程度。给出的数字是夏季工作日上午11点到下午4点一共4次记录的平均值。停留性活动在这期间逐步增加了4倍，这与禁止机动车通行区域的扩大几乎同步。[7]

20多年来墨尔本市，迅速增长的住房和咖啡厅数量

1982年：204户住房，2间室外咖啡厅

1992年：736户住房，95间室外咖啡厅

2002年：6958户住房，356间室外咖啡厅

2004年的研究证明，十年内奠定的基础使得更多人驻足于公共空间中，甚至更多人居住在市中心。居民数量从1992年大约1000人增加到2002年将近9400人。

咖啡厅椅子的数量从1992年的1940张增长到2002年的5380 张。这种增长总体上反映了城市文化的改变，也反映了人们在墨尔本市区停留时间增长程度。[8]

官邸（1个点=5个单位）

公寓（1个点=5个单位）

学生公寓（1个点=5个单位）

有户外服务的咖啡厅

建设中

十年的主要成果——墨尔本

1994年，当扬·盖尔第一次在墨尔本开展“公共空间-公共生活”研究时，作为研究起点的市中心完全被商业活动和办公楼主宰，居民住宅很少。

这个最初的研究被当作能够与措施实施之后的效果进行比较的基准线，被用作评估每次调研之间城市空间使用状况变化的工具。1994—2004年之间墨尔本采取了一系列的措施。例如，将穿过建筑体群间的狭窄通道转变为吸引人们停留或漫步的场所；还建设了一个中心广场和一个新的市政厅广场；公共空间被艺术项目所美化。这些及其他的许多举措将墨尔本的市中心变成了一个无论白天还是夜晚都更能吸引人们生活和参观的地方。

1994—2004年，比之前多出71%的可供人选择停留的公共空间面积得以建设。换而言之，这座城市付出了大量努力邀请城市居民和参观者不仅更多地在城市中走动，也在城市中多停留片刻时间。2004年的报告证实了这些努力是有回报的。城市中心晚上的行人流量增加了98%，并且整体而言，在城市中驻足的人数增至三倍。[9]

为墨尔本带来这些变化的并非是在这座城市中开展的“公共空间-公共生活”研究，而是包括政府官员、城市规划师、商人和居民在内的诸多行动者的参与。不过，在此过程中把“公共空间-公共生活”研究作为一项工具，提高了（各界）对提供高公共空间质量重要性的理解，正如一位城市规划师所说的那样：“为人而设计和管理”。[10]

获得更多关于公共空间如何被使用和无法被使用的知识，以便让其发挥良好的功能，这在墨尔本已成为一件理所当然的事。因为，正在进行的研究是由城市生活构成：停留和其他社会性活动被顺理成章地记录下来。优先考虑人的因素并使其在规划中得到体现已经成为日常规划工作中的一个整合部分。

墨尔本市在1994年与扬·盖尔，2004年与盖尔建筑事务所合作，一开始就让研究以一份报告的方式获得所有权。这份报告是一个大型规划项目不可或缺的一部分，而不是一份孤立的外部文件。市议会批准了目标和建议，并将其融入具体项目和战略工作中。据城市建筑师、1994年和2004年的研究领头人R·亚当斯（Rob Adams）所说，合作对解释墨尔本研究的成功有很大帮助。[11]

下面的照片是典型的墨尔本小巷，其中很多已改成充满活力的城市空间。左：传统的墨尔本小巷。右：复兴的墨尔本小巷。

几年间的戏剧性变化——纽约

在纽约市有着通过改革使城市变得更加可持续的强烈政治意愿。2007年，市长迈克尔·布隆伯格推出了一份雄心勃勃的规划——《纽约市规划2030——一个更绿色、更伟大的纽约》（PlaNYC2030，A greener，greater New York）。[12*] 这个计划描述了纽约如何能够成为一座对其诸多现有居民及预计在2007—2030年间新移居来的100万居民而言更可持续和美好的城市。规划的目标是为全体纽约人提供更有质量的生活，其中很大一部分的工作涉及改善城市街道状况，减少私家车交通流量和重新思考公共空间。通过在该市开展一项综合性的“公共空间-公共生活”研究，盖尔建筑事务所为此作出了贡献。

一个城市的“公共空间-公共生活”研究一般都以出版一份报告的形式告终，但是纽约这项研究并没有完整出版。取而代之的是，相当大的一部分研究结果则是被写入纽约市交通局在2008年所准备的“世界级街道”（World Class Streets）愿景当中。[13]

靠近时代广场的百老汇，是其中一个被选为实现纽约愿景的代表试点之一，同时在曼哈顿及周边地区也开展了其他项目，但时代广场景象的变化在纽约是最具有戏剧性的。

过去许多年的新年前夜，从时代广场发出的新闻直播中每每再现了来自世界各地的人们聚集在街道上的拥挤场面。但是，在一年中的其他时候，时代广场主要是一个汽车通行的地方。

关于这个问题的准确比率可以通过计算时代广场有多大面积献给了汽车，又有多大面积留给行人来说明。这一简单的计算却得出了一个令人深思的结果：时代广场89%的面积是属于汽车的，其剩下的仅11%留给了行人。这块儿面积小得可怜的步行空间主要是由人行道和狭窄的行人岛构成，行人们在此躲避横扫而过的黄色出租车。在这狭小、可供利用的空间里行人却拥挤不堪。这些数字成为纽约市在21世纪应该成为一座什么样的城市的辩论焦点。

将时代广场作为一个有可能转型为公共空间的想法并非没有争议。纽约被视为世界上以速度著称的最现代的城市之一，并以那些黄色出租车为标志（机动车交通在改变之后变得更为快速与顺畅的事实则是另一回事）。[14] 纽约市通过开展大量的宣传活动才得以把时代广场及沿百老汇周边的其他广场转变为无机动车的公共空间。

纽约市很快地行动起来，仅用从2007年7月到2009年11月的两年时间就将拥挤的机动车交通道路转变为适合步行的街道，并且铺设了322公里长的自行车专用道。在时代广场的变化仅在一夜之间就完成了：该区域拉起了警戒线，柏油马路重新铺上了沥青、设置了隔离带和其他临时性的措施——包括为人们提供了新的坐歇机会，还有快速购置的放在临时花卉箱旁边的简易折叠椅。

为了评估这些临时改造措施的效果，在变化的前后进行了人数统计。这些数字可以有助于支持这些项目，因为它们清楚地见证了许许多多市民都从这些新措施中受益的事实。在调整关于确定最佳街道家具安放位置等临时性措施的过程中，这些文档可以作为评估工具使用。

这些研究是纽约市所发生的快速转型中循序渐进的一部分，且被用来衡量单个试点项目及城市的整体变化。纽约市交通部门的专员，Janette Sadik-Khan将其形容为一种全新看待城

* PlaNYC2030具体包含十个方面的目标：住宅与邻里、公园与公共空间、棕地、水道、水源供应、交通运输、能源、空气质量、固体废物和气候变化。——译者注

街道上步行的人数

时代广场机动车交通被禁止前后，在第七大道的第45街和46街之间的机动车空间行走的行人数量。人数统计于上午8:30至下午1:00之间。

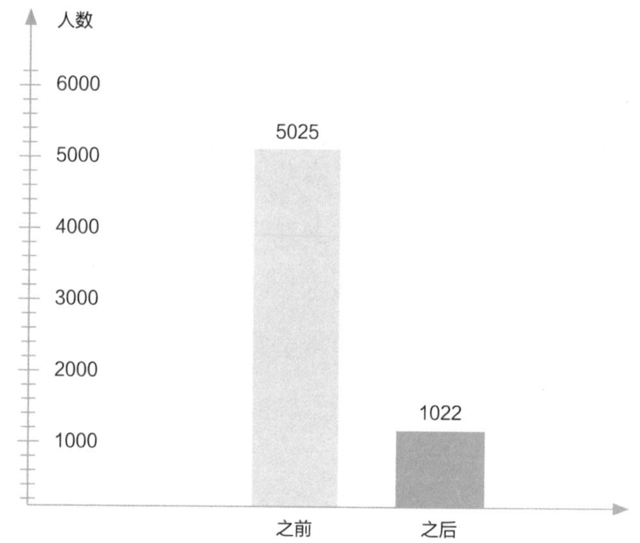

市街道的方式："直至几年前，我们的街道与50年前的样子一样。这并不是什么好事……我们正在更新我们的街道以便反映人们现在的生活方式，并且我们在设计一座以人为本的城市，而非一座以车为本的城市。"[15]

记录公共空间中的公共生活支持了改变纽约市城市文化的政治意愿，或者更确切地说它通过更新物质环境框架支持了文化的转变。

"公共空间–公共生活"研究是从现状开始的。就像安妮·玛坦在她的博士论文中总结的那样："关于城市的讨论常常关注于它们应该怎样，它们曾经怎样及它们的问题，而不是关注它们现在如何及当前该如何运转。'公共空间–公共生活'研究提供了一个可以直观审视一座城市的机会——审视城市中的日常生活，并关注它的现状，而非未来的状态。"[16]

在纽约市以惊人的速度发生改变时，一些规划和政治领导具有其他准则的城市则在追求一种更为稳妥的节奏。虽然如此，纽约市的变化已经带来了广泛的影响，给美国其他城市和全世界带来了启发。在这种情况下，改变前后的统计资料与图像资料在研究成果的沟通上是至关重要的。

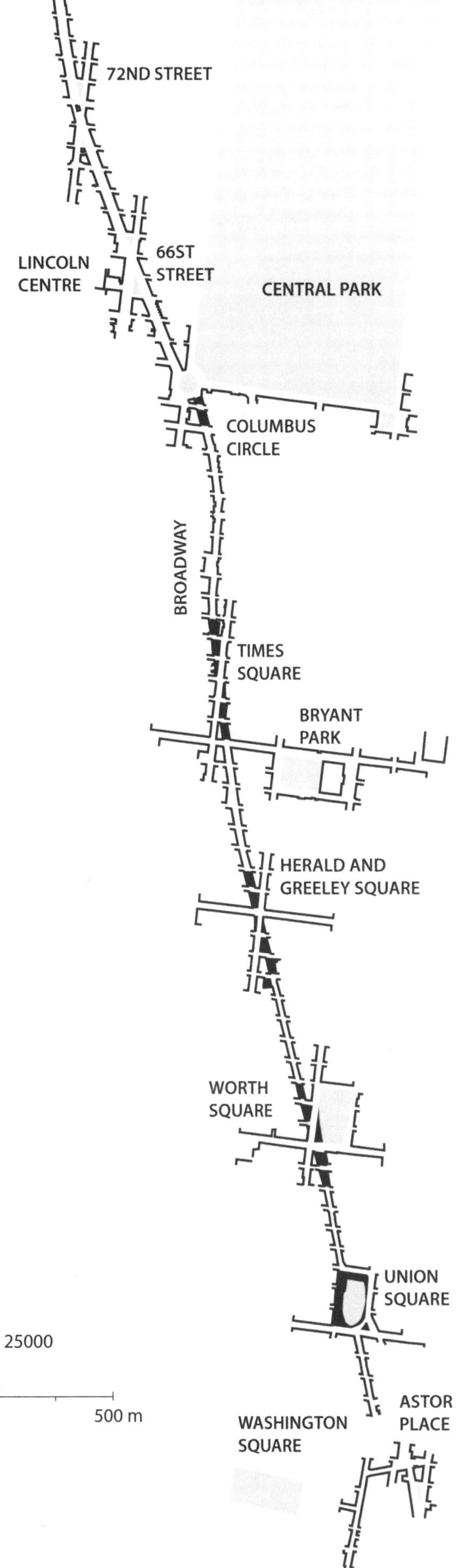

百老汇区域在时代广场和先驱广场禁止机动车交通最初只是一项试验性举措，但这项举措被保留了下来，这归因于变化前后的研究和新的公共空间大受欢迎。人们获得了总共35771m²的公共空间，而车辆交通的运输时间缩短了17%。仍然有极少数行人走在街道中，在交通中受伤的行人数量下降了35%。

改变前后的总人数表明时代广场已经成为城市中固定活动的场地。虽然行人数量的增加很少，只有11%，但是站着和坐在时代广场的人数却增加了84%。[17]

纽约时代广场，2009年春

纽约时代广场，2009年夏

从“纸上谈兵”到街道与广场的变化——悉尼

2007年在澳大利亚的悉尼进行了一项“公共空间-公共生活”的研究。其中的一个结论是，为了使悉尼变成一座更适合步行的城市，迫切需要建成一个紧凑的步行网络。还有一点被认为是极其重要的就是，确定一条主要街道作为城市的骨干道路，并且选择沿该道路坐落的三个广场进行改造，以通过它们提升城市的可识别性。乔治街被选为有潜质的主干道。[18] 该报告在2007年出版，对乔治街的升级工作也由此展开。

2013年，乔治街禁止通行一般机动车，取而代之是将在步行街上建设一条高架轻轨线路。

2007年在悉尼进行了一项公共空间-公共生活的研究。从那以后，这些建议被纳入设计发展原则，用来辅助筛选被写入报告中的街道。其中包括主要的南北连接——乔治街。如下图所示，2013年制定的乔治街和毗邻广场的详细设计策略。

George Street Concept Design
City of Sydney with Gehl Architects
This document sets out the design principles that will guide the detailed design of George Street. It outlines strategies and concepts for improving the public realm in concert with the State Government's light rail project.
The ideas and images in this document have been tested to ensure that the City's $180 million investment is spent wisely and can achieve the public benefit that we strive for.
乔治大街概念设计
悉尼市政府与盖尔建筑事务所的合作
该概念设计方案就乔治大街的细节改造提出了设计原则，其将即将建设的轻轨交通项目结合进场地环境设计，为该街道公共空间品质的提升提供了设计概念与策略。为确保政府对该项目1.8亿美元的投资被英明地使用和分配，并使项目的结果达到我们预期的目标，方案报告中所包含的理念与图片都是经过实际项目所验证的。

6年：悉尼–乔治街

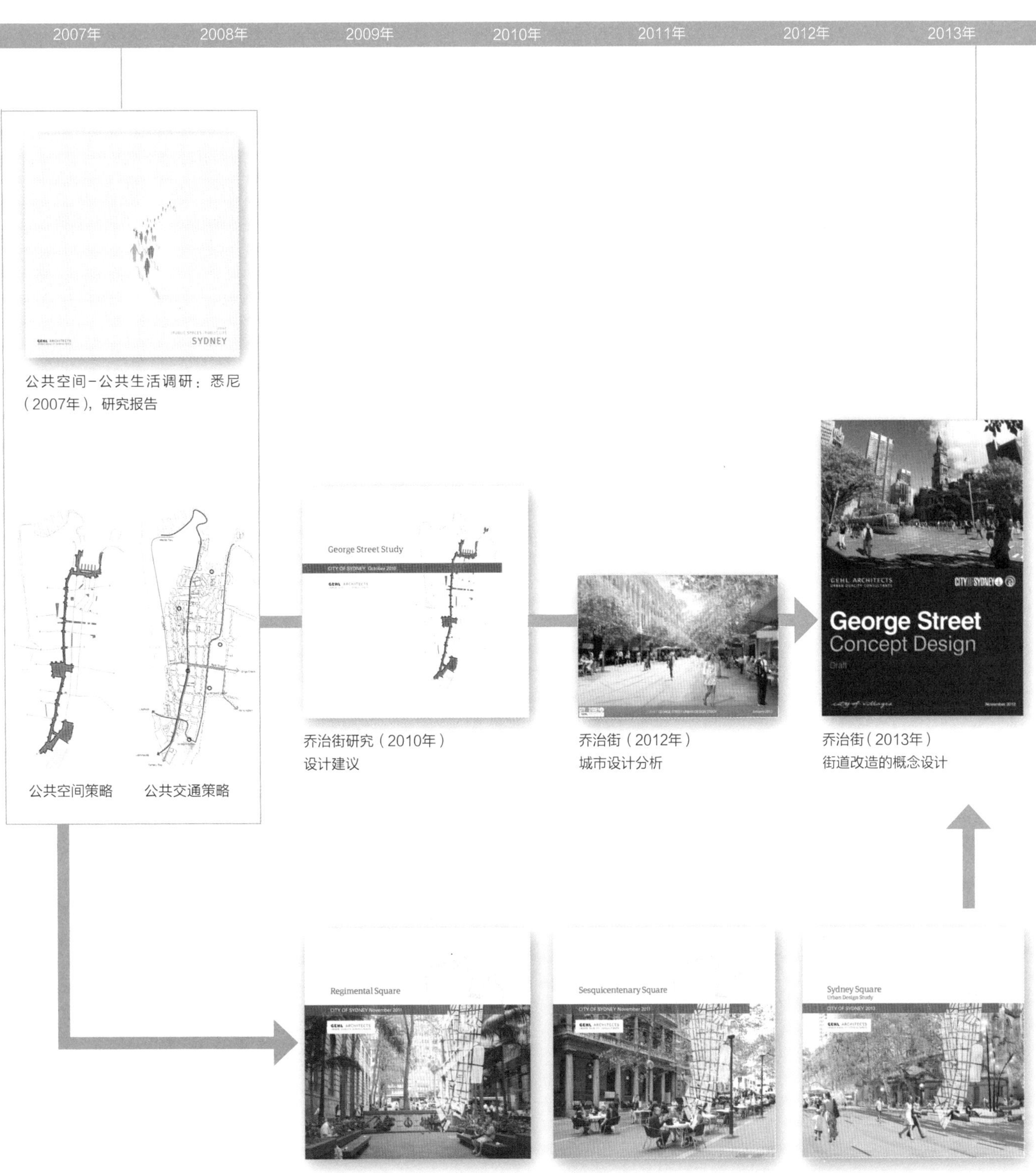

公共空间–公共生活调研：悉尼（2007年），研究报告

公共空间策略

公共交通策略

乔治街研究（2010年）设计建议

乔治街（2012年）城市设计分析

乔治街（2013年）街道改造的概念设计

军团广场（2011年）设计建议

150周年纪念广场（2011年）设计建议

悉尼广场（2013年）设计建议

辩论的重要贡献——伦敦

有的时候想要读懂一个“公共空间-公共生活”研究的直接成果是困难的。原因之一是实施改善措施是需要时间的，另一原因是研究的仅仅是若干改变元素中的一个。想要在研究建议和随后开展的项目之间画上等号是不可能的，并且一个研究最重要的成果未必是可见的。研究最重要的贡献之一有可能是它在很大程度上改变了专业人士、政治人士以及公众之间辩论城市未来发展的方式。

2004年伦敦开展了一项“公共空间-公共生活”研究。[19]随后，中央伦敦伙伴咨询公司（Central London Partnership）的负责人Patrica Brown评论说，在伦敦人们还是第一次开始谈论“街道是为人而存在的”（streets for people）。该研究为这座城市提供一个反思的过程和可进入的路径，对这座城市而言，这意味着不仅为城市带来了附加的价值，并且也搭建了有形的平台。[20]

2004年的报告精确地把几个特定的区域定位为项目的起点。其中有几条人行道太过狭窄，行人的数量远远超出了可以舒适步行的程度。也就是说，在有些原本没有被规划为可以容纳大量城市生活的地方出现了大量的城市生活。这项伦敦“公共空间-公共生活”研究对大量的步行人流运用了照片记录和计算人数的研究方法。行人的数量、位置与他们所经过的公共空间的设计，比如人行道的宽度、地铁站的出入口、其他设施和隔离桩被联系起来一同分析。[21]

伦敦并没有像纽约那样很快就见到成效。尽管改善指定街道的街角的状况肯定是值得关注的事，不过伦敦的规划者们也正在处理新的政治议程和可行途径来落实建设以人为本的街道。

Unacceptable congestion at Oxford Circus

WALKING ALONG

25,850
110,620
132,210
Oxford Street
59,010
Regent Street

Number of pedestrians a summer Saturday 10 am to 6 pm going to, from and through Oxford Circus.
Oxford Circus is one of the most busy areas in London. The volumes of pedestrians passing through the intersections plus the number of passengers heading for the tube station (320,000 people per day) create enormous congestion .

Oxford Street
Regent Street

Elements at Oxford Circus
The present layout of Oxford Circus includes far too many objects and badly-placed elements. These elements are part of the problem, because they minimize the available walking space.
Total: 85 elements, 199 metres guard railing

Pedestrian Pattern - south/ east corner
Crowding points appear where the usable footway is narrowed substantially by commercial activities, stairs to the tube, goods from shops etc.

Counting position
Available footpath width: 3.5 metre

Recording:
5.30 pm 9372 pedestrians /hour
156 pedestrians /minute

Recommended pedestrian capacity:
13 person/minute/metre footway width
x 3.5 metre available footway width
= 46 pedestrians /minute

The pedestrian traffic is therefore 3 - 4 times the comfortable capacity.

Oxford Circus south /east corner on a summer weekday 5 pm.

General **confusion** welcomes the pedestrians when they enter Oxford Circus.

Between 5.30 pm and 5.45 pm **8.000 people** go down the stairs to the tube station.

The **newspaper stands** contribute to crowding by narrowing the walking space.

PUBLIC SPACES - page 35

不过，基于2004年研究的建议，反思的过程和众多的项目已经生根发芽。在2013年的夏天，或许是受到了纽约大胆带有重大象征意义禁止百老汇部分街道机动车交通的启发，伦敦依据之前研究建议提出了一项计划，计划内容是测试禁止像摄政街等主要商业街机动车行驶的各种不同的措施选项。其他为了提高步行条件的或大或小的项目也都得以实施。

2010年牛津广场的改造就是这些新改善项目中的一个成功案例。

对面页：报告《向往人性化的美好城市.公共空间和公共生活——伦敦，2004年》中的一页，报告表明了伦敦市中心牛津广场周围人行道的拥堵状况。[22]

2010年牛津广场进行改造，以便人们能够穿越对角线，而不是在栅栏和其他障碍物后面被迫改变方向而不能走直线。2004年的报告和新规划的设计者阿特金斯（Atkins）在此后进行的研究证明了，在改建之前许多人不管怎样都会通过跨越障碍来走捷径。[23] 人们倾向于走最短的路线，即使在有障碍以及不安全因素的情况下也会如此。[24]

下：2010年牛津广场改建之后的照片。

当机遇来敲门——开普敦

通过政治意愿来改善步行、公共生活和自行车出行的条件，是那些开展了“公共空间–公共生活”研究城市的共同特征。这些研究是一项能够有效地把人放在城市规划中最显著位置的工具。但是，虽然意愿是好的，由于经济、政策或其他原因，“公共空间–公共生活”的研究被束之高阁了。其原因有可能在于城市规划师们或一位不愿意接手前任项目的市长。

有时，过了数年后一项搁置高阁的研究会被从遗忘中解救出来。也许是政治气候的改变，或另有原因刺激了个别元素或者是整个研究的建议被采纳。

盖尔建筑事务所于2005年，在南非的开普敦开展了一项“公共空间–公共生活”的研究。[25] 直到开普敦被提名为2010年国际足联世界杯（2010 FIFA World Cup）的主办城市，城市空间环境发生了很大变化，但这个城市的改善措施只采用了研究的部分结论和建议。

2010年世界杯足球赛期间，南非开普敦，球迷大暴走。为2010年冠军赛而建的步行街连接了新体育场和市中心。这条街被设想为在世界杯比赛期间可以通过步行来移动人群而不必提供其他的交通工具。此外，这条街道还作为急需的新连接和开普敦居民的集会场所。2010年世界杯足球赛是实现足球迷大暴走这样大型项目的催化剂，而这个想法受到来自2005年进行的公共空间–公共生活研究的结果的启发。

可比性

调研现状在当地的层面上是有用的。但是，从一个更为广阔的角度来看——与实践和研究相关联——能够跨越地理纬度和时间维度进行比较研究是同样重要的。这样的比较可以是同一城市不同年间的，或者跨城市间和跨国界的。比如可以对主要街道进行比较，了解类似大小和特征的城市之间光顾主要街道的人们活动的差别。而且比较可以有很多种方式进行。

出于研究的目的，关注长期以来“公共空间-公共生活”研究是如何开展的是一件有意义的事情，因为这能够为得出关于城市生活历史发展的整体性结论提供机会。但在实践中，城市规划者们往往更倾向于短一点的时间周期以便能够展现出成果。

对于跨时间和地理界限的比较，使用系统性的方法是必要的。这从根本上意味着开展每个单独时间的研究时，记录实际的天气情况、具体的年月日、记录方法，以及其他与别的研究和城市对比时有重要意义的内容。

6300 6800 7800 7600

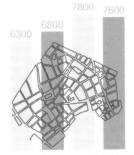

某个冬天的夜晚，亮灯的窗户数量
1995年和2005年，某个冬天的夜晚11点，哥本哈根市中心亮灯的窗户总数。

内城区居民数量
哥本哈根市中心居民总数

1995 1995 2005 2005（年）

1995年哥本哈根的研究记录了晚上亮灯的窗户数量，作为市中心的生活度指标。那个时候的问题是许多城市的中心无人居住，因此一旦工作日结束就会变空。观察者骑自行车经过哥本哈根的街头记录亮灯窗户数量，并将其与居民数量的统计数据进行对比。这个结果显示，是住在市中心的好处是所谓具有安全感。十年之后，哥本哈根中心晚上亮灯窗户数量的增长反映了居民数量的增长。[26]

丹麦哥本哈根
丹麦哥本哈根
挪威奥斯陆
丹麦奥登塞
丹麦奥登塞
瑞典斯德哥尔摩
澳大利亚珀斯
澳大利亚墨尔本
丹麦哥本哈根
1968年
1986年
1987年
1988年
1989年
1990年
1991年
1992年
1993年
1994年
1995年
1996年
1997年

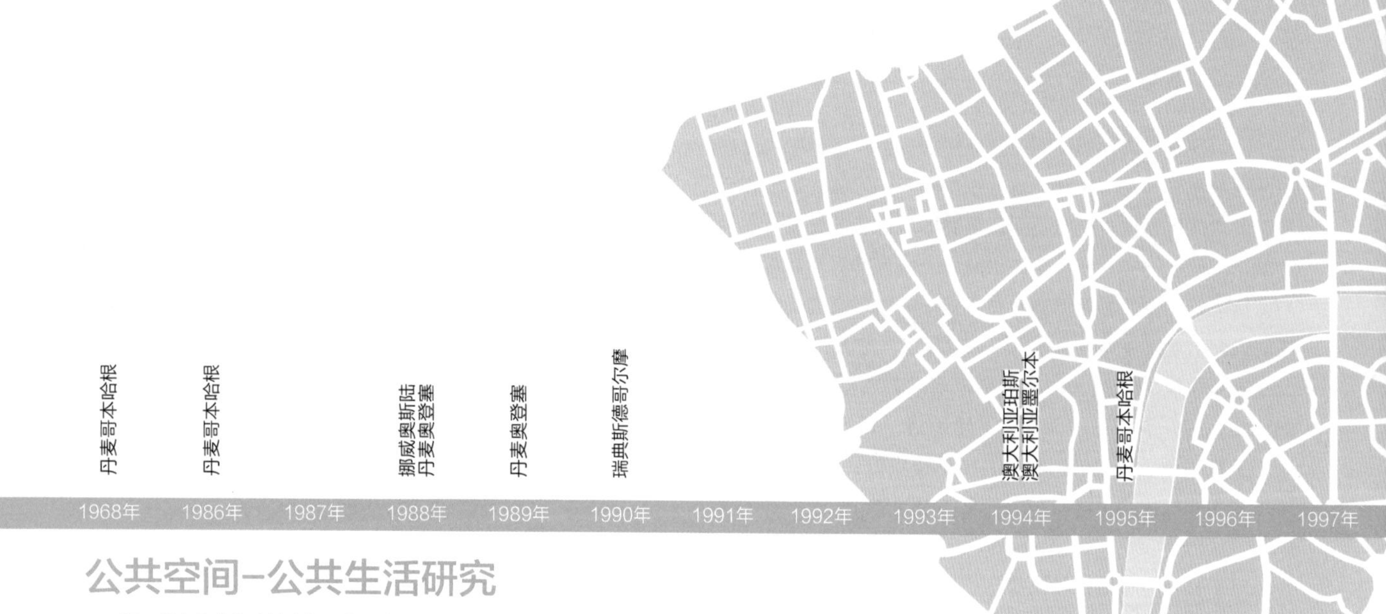

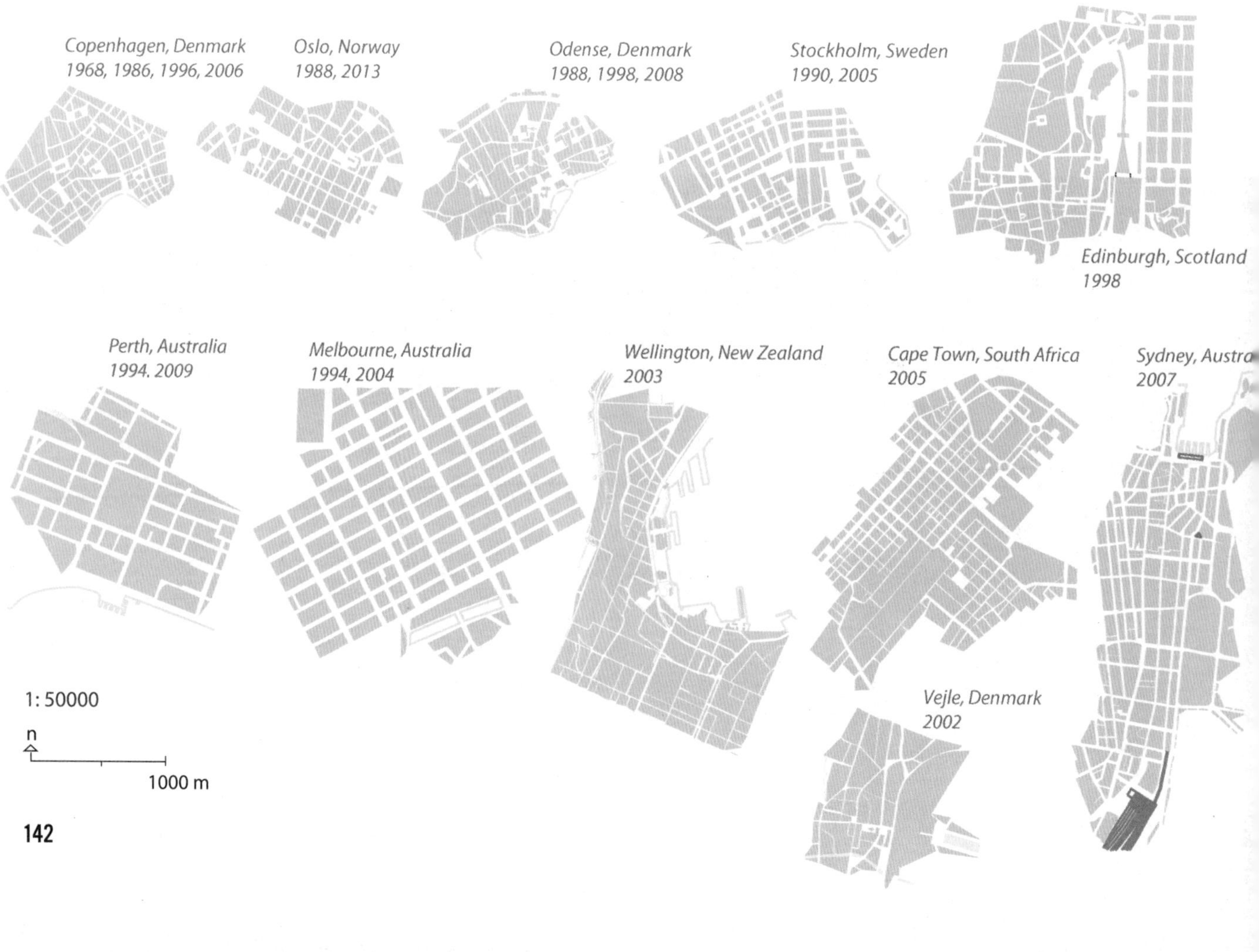

London, Great Britain
2004

公共空间–公共生活研究

扬·盖尔和盖尔建筑事务所进行的公共空间–公共生活研究的场地的平面图列表。许多研究允许跨时间和地点的比较。

Copenhagen, Denmark
1968, 1986, 1996, 2006
Oslo, Norway
1988, 2013
Odense, Denmark
1988, 1998, 2008
Stockholm, Sweden
1990, 2005
Edinburgh, Scotland
1998
Perth, Australia
1994. 2009
Melbourne, Australia
1994, 2004
Wellington, New Zealand
2003
Cape Town, South Africa
2005
Sydney, Austra
2007
Vejle, Denmark
2002
1: 50000
n
1000 m

拉脱维亚里加
澳大利亚阿德莱德
丹麦瓦埃勒
新西兰惠灵顿
瑞士苏黎世
英格兰伦敦
澳大利亚墨尔本
南非开普敦
瑞典斯德哥尔摩
丹麦哥本哈根
澳大利亚悉尼
美国纽约
荷兰鹿特丹
丹麦斯文堡
丹麦奥登塞
美国华盛顿，西雅图
澳大利亚珀斯
新西兰克赖斯特彻奇
土耳其伊斯坦布尔
新西兰奥克兰
中国重庆
澳大利亚霍巴特
澳大利亚朗塞斯顿
澳大利亚墨尔本，滨海港区
澳大利亚阿德莱德
挪威奥斯陆
俄罗斯莫斯科
2000年
2001年
2002年
2003年
2004年
2005年
2006年
2007年
2008年
2009年
2010年
2011年
2012年
Moscow, Russia
2013
Riga, Latvia
2001
Manhattan,
New York, USA
2007
Rotterdam, Holland
2007
Svendborg, Denmark
2008
Seattle, USA
2009
uckland, New Zealand
010
Adelaide, Australia
2002, 2012
Christchurch, New Zealand
2009
Hobart, Australia
2011
Launceston, Australia
2011
Zürich, Schwitzerland
2004
Istanbul, Tyrkey
2010
Chongqing, China
2010

夏季工作日

18:00—22:00

10:00—18:00

* 纽约8:00—20:00

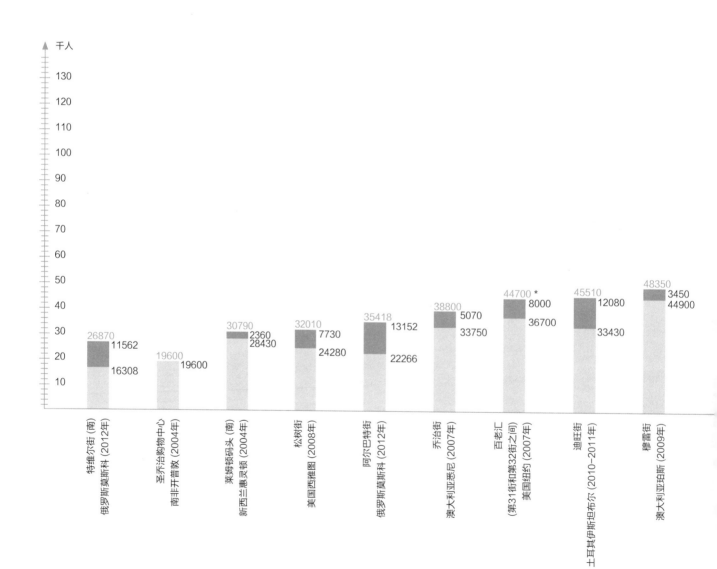

千人

地点	总计	18:00—22:00	10:00—18:00
特维尔街（南） 俄罗斯莫斯科（2012年）	26870	11562	16308
圣禾治购物中心 南非开普敦（2004年）	19600		19600
莱姆顿码头（南） 新西兰惠灵顿（2004年）	30790	2360	28430
松树街 美国西雅图（2008年）	32010	7730	24280
阿尔巴特街 俄罗斯莫斯科（2012年）	35418	13152	22266
乔治街 澳大利亚悉尼（2007年）	38800	5070	33750
百老汇（第31街和第32街之间） 美国纽约（2007年）	44700 *	8000	36700
迪旺街 土耳其伊斯坦布尔（2010–2011年）	45510	12080	33430
穆雷街 澳大利亚珀斯（2009年）	48350	3450	44900

“公共空间–公共生活”研究——跨越地理纬度

多少算多，而多少又算少？为了了解数字对一座城市建设和发展的意义，与其他城市进行比较可以体现出在某广场上的活动数量，或在街道上的行人数量。

在对许多城市开展这项研究的基础上，扬·盖尔与盖尔建筑事务所收集到了很多资料，这些资料可以被用来开展跨越地理维度的城市之间的比较研究。也许对比有着相同大小或相同人口数的城市看起来更明显一些，但就如本页所显示的那样，比如在研究主要购物街道的数量时，不一定是最大城市中的主要街道最吸引行人。例如奥斯陆的购物街在星期六的行人数量就远多于伦敦的摄政街，而有着数百万居民的莫斯科市在排名上则靠后许多。

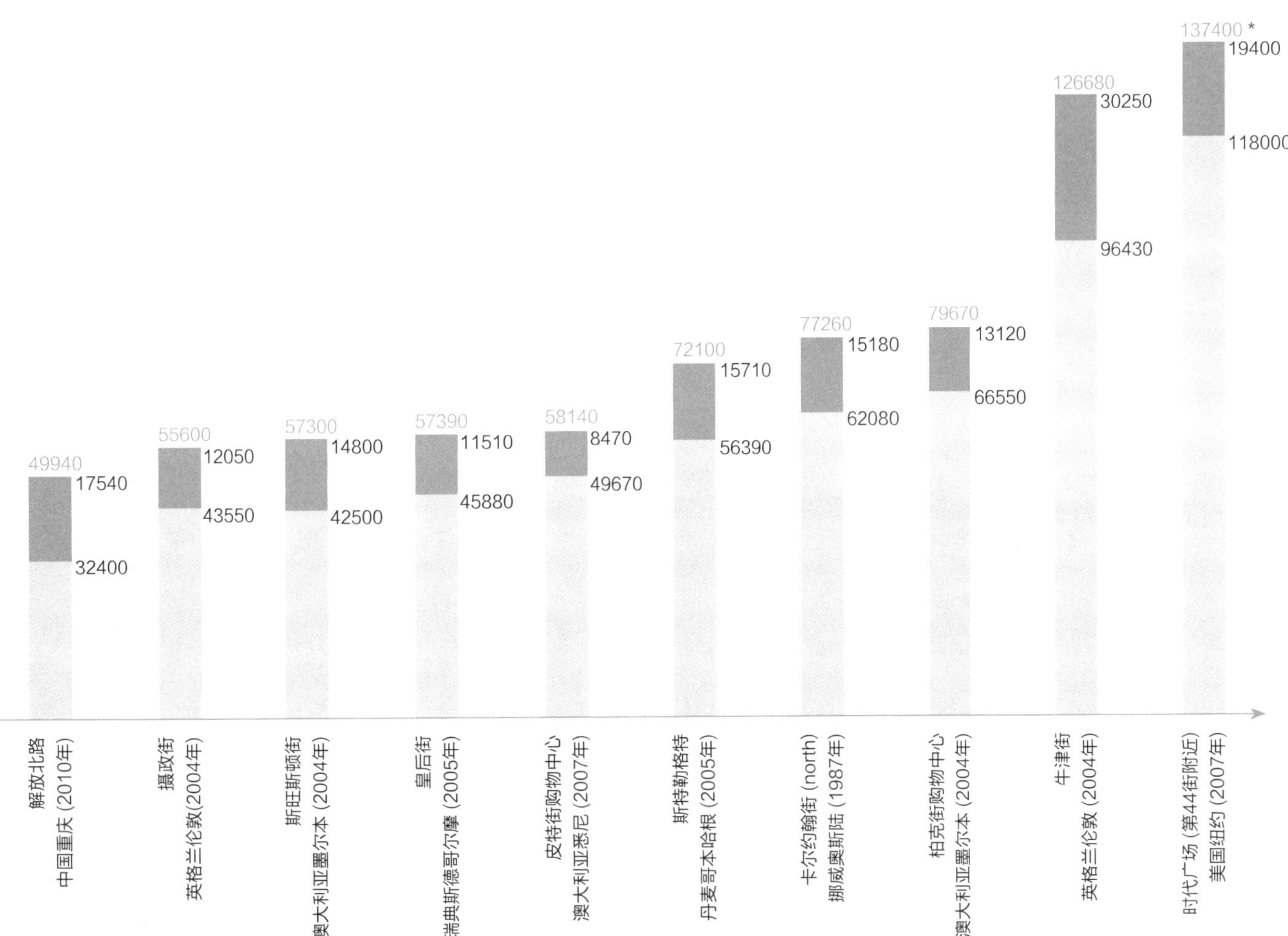

“公共空间-公共生活”研究——跨时间维度

就各座城市的当地视角而言，关注于跨时间维度的“公共空间-公共生活”研究是有趣的。随着越来越多这类研究的开展，随着时间的推移及其他社会方面持续的变化，通过跨时间维度的对比研究，可以获得随着时间的推移，关于城市生活发展和变化的整体性结论。

自1968年以来，哥本哈根就在使用同样的方法开展公共生活的研究，这使得我们能够从历史的角度看到这城市数十年间的城市生活变迁。比如说，在哥本哈根可供选择的休闲活动有了引人注目的增加。从必需性活动到可选择性活动的历史进程——一般而言是社会变化的产物——影响了公共空间被使用的方式。通过记录发生了什么类型的活动，这些变化就被记录下来，城市空间也自然而然顺应这种变化。

当人们在公共空间里消磨的时间对其不再是绝对必要时，人们前往公共空间和在那儿所花的时间则远多于待在室内或家里。从哥本哈根开展的40年研究记录中，见证了通过营造有品质的公共空间来吸引人们逗留的成效。如果设计的空间是与人类需求保持一致的话，为停留提供越多空间面积，就会有越多人在公共空间中逗留。

始于2006年的最新研究揭示了更积极的公共生活是如何产生的。为了将新的活动类型列入图表，其使用的工具与分类必须随时进行调整，使它们能够包含新的活动模式，并实用于其他公共空间使用目的与使用方式上的变化。[27]

这张哥本哈根港（2010年）的照片显示了工业建筑被空出之后转变为住宅和娱乐区的变化。多年以来，港口污染严重以至于不能游泳。在2002年开放的港口游泳池旁边，是公共港口浴场。浴场的建设要感谢当地市民的努力，他们反对在海港的这一面建多层建筑的计划，从而获得了享受傍晚阳光的机会。这里距离市中心和哥本哈根市政厅只有1000米，是一个多功能、娱乐性公共生活的场地——在整个夏季日复一日。

1880—2005年公共生活的发展变化

选择性活动
城市娱乐

必要活动

1880年 1900年 1910年 1920年 1930年 1940年 1950年 1960年 1970年 1980年 1990年 2000年

必要性活动
对公共空间质量的忽视

选择性活动要求高质量的公共空间

汽车入侵

关于公共空间复兴的研究与规划

- 步行街
- 公共生活与城市活动
- 自行车的重新崛起
- 静化的交通

《新城市生活》一书中的图表总结了1880—2005年城市生活变化的历史。20世纪初，很多发生在公共空间的活动都是必要性的。在货车和卡车进入城市之前，所有货物通过人或马运到城市，剩下的大部分交通则是行人。还有很多人把街道当成他们的工作场所。但在20世纪的历程中，货物运输改为其他方式，城市空间逐渐成为娱乐和休闲活动的场所。在此背景下，公共空间的品质变得非常重要。[28]

Villo Sigurdsson
城市规划市长（官员）
1978—1986年
Gunna Starck
城市规划市长
1986—1989年
Otto käszner
城市建筑师
1989—1998年
Jens Rørbech
城市工程师
1987—1999年
Bente Frost
建筑和建设市长
1994—1997年
Klaus Bondam
技术和环境管理市长
2006—2009年
Søren Pind
建筑和建设市长
1998—2005年
Ritt Bjerregaard
哥本哈根市长
2004—2009年
Tina Saaby
城市建筑师
2010年—
Ayfer Baykal
技术和环境管理市长
2011年—

7 公共生活研究与城市政策

FYLDEPENNE
P&B
Beehive
Garn
K 31-750

BIANCO
BIANCO
CHANGE
Lingerie
MONSOON
Accessorize
NEW
ARRIVALS
SCOOP

丹麦哥本哈根。世界上第一个几十年来一直系统地开展公众生活综合性研究的城市。正是在哥本哈根，这些超过40年的研究在如何设计和提高公共生活政策方面起到了决定性的作用。也是在哥本哈根，当地政府和企业界逐渐开始把公共生活研究视为以市民为本的城市发展的重要工具，并且重视程度高到把这些研究在很早以前就从建筑学院科研的形式应用到城市的规划实践中去了。在哥本哈根市，记录与追踪公众生活已变得理所当然，就像城市综合政策的其他组成部分一样。一切是这样产生的。

在1962年变为步行街

哥本哈根的主要街道斯特勒格特大街，在1962年11月由机动车通行道路转变为步行街。该转变并非一帆风顺，而是经历了激烈的拉锯战和唇枪舌战。人们说："我们是丹麦人不是意大利人，无机动车的公共场所完全不适合斯堪的纳维亚的天气和文化。"[1] 但最终街道还是被禁止了车辆的通行，其他一切照旧。在这一点上，没有什么被翻修了：它仍然是一条普通的柏油马路，马路带有路缘石和人行道，只是作为实验没有了汽车的踪影。

就许多方面来讲，1962年 禁止车辆在斯特勒格特大街通行是一个开拓性的尝试。尽管在欧洲这不是第一条禁止车辆通行的街道，但却是最先愿意减少市中心车辆的压力的主要街道之一。其灵感主要来源于不同的德国城市，这些城市街道在第二次世界大战后的重建期间建造了步行街道。在这些城市和哥本哈根一样，建立人行道的目的主要是为了增进贸易和使顾客在市区内有更多的空间和更好的购物环境。这不仅对顾客来说是一件很好事，并且也被证明对市中心是一件好事，因为在20世纪60年代中心城区被迫与开始繁荣的市郊新出现的美国式购物中心进行竞争。

斯特勒格特步行街的改造工程包括了整条街道——11米宽、1.1公里长——并带有数个小型广场。尽管有许多关于无车街道在丹麦环境中不可能行得通的极端预言，但这条新步行街很快受到欢迎。仅在第一年步行者的数量就增长了35%。在1965年，这条街被永久性确定为步行街，而且到了1968年，哥本哈根市决定重新为该街道和街道上的广场铺修路面。斯特勒格特步行街变成了一个公认的成功案例。[2]

对面页上：哥本哈根阿迈厄广场，从南望去，1953年。
对面页下：哥本哈根阿迈厄广场，同一角度，2013年。

哥本哈根公共生活研究

1960年 1970年 1980年 1990年 2000年 2010年

《行走的人们》，仅丹麦文
《建筑师》，1968年20期单行本

《城市生活》，仅丹麦文
《建筑师》，1986年单行本

《公共空间 · 公共生活》
丹麦建筑版社和丹麦皇家艺术学院建筑学院，1996年

《新城市生活》
丹麦建筑出版社，2006年

显示了在超过40年的时间里大约每隔十年哥本哈根进行的主要公共生活研究。以文章的形式作为开始，这些研究发展成为切实有用的出版书籍。

丹麦皇家艺术学院建筑学院，1966—1971年，对公共生活的初步研究

1966年扬 · 盖尔在哥本哈根丹麦皇家艺术学院建筑学院获得一份以“人们在城市和居民区使用室外空间”为主题的科研项目。盖尔曾在意大利就同一主题开展了多项研究，而且他和妻子，心理学家英格丽德 · 盖尔共同撰写了多篇关于他们研究成果的文章，这些文章发表在1966年丹麦建筑学报《建筑师》上。文章介绍了意大利人每天是如何使用公共广场和户外空间的，并且引起了不小的轰动，因为这一主题之前并未被人们真正研究过。新的领域就此诞生了。[3]

此后，他又被挽留在建筑学院继续从事该方向的研究工作，这一干就是4年。几乎是这段时间决定了他以哥本哈根新开放的斯特勒格特步行街作为一个大型的户外实验室，研究人们是如何使用公共空间的。

在哥本哈根展开的研究都是最基础性的科研工作。有关题目的现有知识少得可怜，所以各方面的研究问题都需要被解答。由此对斯特勒格特步行街的研究变成一个内容广泛的项目，从1967年开始，历时了很多年，为整个研究材料的收集工作提供了一小部分的基本数据，例如步行人的数量和各类活动的程度。

该研究在一年中的每个星期二来考察该步行街的几处路段，并以选定的几个星期、周末以及节假日的调查数据进行补充。当女王玛格丽特二世在她生日那天乘坐马车穿过时，该街道的情况如何呢？在每年圣诞节购物旺季时这条狭窄的街道情况又是如何呢？日常生活节奏、每周的生活节奏和每年的生活节奏被分别记录下来，而且冬季和夏季人们行为的差异以及类似人们在街道上行走多快等问题都被记录了下来用作研究。街道上的长椅使用情况如何？最受欢迎的坐的位置是哪里？需要多高的温度人们才会坐在户外？下雨、刮风、寒冷、阳光或阴影都会带来什么样的影响？黑暗和照明又会带来什么样的影响？不同用户群体对不同环境条件又会受到什么程度的影响？谁先回家，又是谁在外待的时间最长？

研究工作收集了有关这一切的大量材料，并为1971年出版的著作《交往与空间》的撰写奠定了基础。其内容主要结合了对意大利和哥本哈根的研究。[4] 在出版此书之前，关于哥本哈根的研究以文章的形式刊登在丹麦的专业杂志上，并引起了城市规划者、政界人士和商界人士极大的关注。文章以详细的数据描述了一年之中人们是如何使用城市中心区的，以及什么样的条件吸引着步行者们前往城市并逗留。

建筑学院的公共生活研究人员与城市规划者、政界和商界人士之间开始了持续的对话。

1986年的哥本哈根公共生活研究

在此期间，另一系列的变化已在市中心展开。新的步行街和无车广场被增加到已经得到转型的公共空间中。在1962年的第一阶段，共计建立了无车公共空间15800平方米。到了1974年，无车的公共空间增长到了49000平方米。到了1980年后，包括港口附近的新港运河街道，步行街的面积超过了66000平方米。

在1986年，另一项综合性的公共生活研究在哥本哈根得以开展，也同样是以研究项目的形式在丹麦皇家艺术学院建筑学院主持进行。[5] 1967—1968年的研究结果简洁明了，为开展1986年跟踪研究提供了可能，为此后18年间所发生的公共生活的变化提供了线索。1967—1968年的研究建立了一个能够提供当时城市功能发挥情况的总体看法的基准线。通过审慎地按照1967年制定的方法和确定的前提条件，使18年后通过调查收集获得的有关公共生活发生变化的总体看法，以及看出已建成的大量无车区域的效果成为可能。

在当时的国际背景下，1986年的研究标志着一项基准研究首次在一座城市中进行。这项研究可以表明："这是此刻这座城市的状况。"现在，使记录更长一段时间内的公共生活的发展是可能的。

正如一次公共生活研究那样，在1986年进行的这项研究也以文章的形式发表在《建筑师》杂志中，并且这项研究成果又一次引起了城市的规划者、政界和企业界人士的广泛关注。这项研究不仅为人们提供了当时公共生活状况的出色记载，而且也提供了人们了解自1968年以来公共生活变迁的概况。简而言之，1986年城市中的人群与活动数量多出来许多，并且新的公共生活空间意味着相对应的增进了城市的生机。在城市中，更好的公共空间可以说是与更为活跃的活动相对等的。

从丹麦的一条街的发展经验……到形成可通用的建议

《交往与空间》自1971年出版以来，这本书已用英文和丹麦文重印了很多次并且翻译成许多其他文种——从波斯文到孟加拉文和韩文。尽管事实上书中的例子基本来自丹麦和其他西方国家，这本书广泛的吸引力可能是因为书中描述的观察和原则对人们来说是通用的。且不论大陆板块和文化的差异，所有人在一定程度上都是行人。

这本书的封面多次改变，主要是为了更符合文化的变迁和基于这本书已获得的国际性重视的事实。左边的图片显示了1971年丹麦文版的原始封面。街道派对的主题拍摄于大约1970年丹麦第二大城市奥尔胡斯的西兰街（Sjællandsgade），抓住了当时聚集的重点。这看上去很像建筑之间嬉皮士生活的写照。1980年之后版本的封面显示出在一个典型的北欧小镇体系中更平静的公共生活，而1996年之后版本的封面以抽象的方式表达，几乎不受时间和场地的影响。而且对于封面而言，这本书已经成为一个跨越时间和地理空间的经典之作。

1971年

1980年

ALBYL

1986年的研究变成后来被称之为“公共空间–公共生活”研究的起点。此类研究由对诸多空间关系的记录而组成，以对城市生活的研究为补充，共同记录了城市的整体功能情况和城市中各个独立空间的情况。

1986年的研究是促进建筑学院的研究人员与市政府的规划者们更为密切合作的催化剂。他们共同组织研讨会和工作会议，介绍公共生活的发展情况并探讨城市的规划问题。哥本哈根“公共空间–公共生活”研究也引起了丹麦邻近的斯堪的纳维亚其他国家的关注。此后不久，相应的研究在哥本哈根丹麦皇家艺术学院建筑学院的协助下分别在挪威首都奥斯陆和瑞典首都斯德哥尔摩展开。

1996年和2006年哥本哈根的公共生活研究

十年后的1996年，哥本哈根被选为当年的“欧洲文化之城”（the European City of Culture），为了庆祝这一标志性的事件该市里举办了丰富多彩的活动。为了给节庆活动献上一份自己的贡献，丹麦皇家艺术学院建筑学院决定再开展一次一项综合性的“公共空间–公共生活”研究。[6] 这些研究已逐渐成为哥本哈根的一个特色。在1968年和1986年进行了两次公共生活调查记录，在首次研究后的第28个年头，又再次研究记录了公共空间与公共生活的发展情况。

1996年的研究是雄心勃勃和内容广泛的。除了包含许多人数清点和现场观察的研究题目外，这次研究还包括了对探寻先前观察研究未能解答问题的采访：什么样的人前往市中心？访客们都来自哪些地方？访客们使用了什么样的交通工具前往城市？这些人从哪里来，为什么来，准备待多长时间，来访的频繁程度如何，以及涉及访客们在城市中的积极体验与消极的体验等问题。这些问题可以通过向城市的使用者们发问来得到解答，而且也会为观察研究增加一层意想不到的额外有价值的信息。

虽然1996年建筑学院的研究人员依然是这项研究的推动者，不过该项目已不仅仅为一项狭隘的学术探索，而是一个得到多方基金会支持的项目。其中，有哥本哈根市政府、旅游和文化机构及商业界。“公共空间–公共生活”研究的地位已经彻底从基础性研究转变为一个被普遍认可的汇聚知识的方法，并以此来管理城市中心发展。

1996年的研究结果发表在由扬·盖尔和拉尔斯·吉姆松合作撰写的《公共空间·公共生活》一书中。书中除了涵盖不同年份的研究成果外，还对哥本哈根市中心1962—1996年期间的发展进行了回顾，并且描述了其如何从一座拥挤的汽车都市转变为一座认真关注步行者和公共生活的城市。这本书以丹麦语和英语出版，也是首次将“公共空间–公共生活”的研究成果以英语版本出版。

经过年复一年的工作，以哥本哈根为研究对象的“公共空间–公共生活”研究，以及哥本哈根以城市生活为导向的发展得到了广泛的国际认可，并且有关哥本哈根市的成功故事也广为流传。《公共空间·公共生活》的中文译本也早已在2005年出版。

对面页上：哥本哈根，老广场/新港，1954年
对面页下：哥本哈根，老广场/新港，2006年

2006年，建筑学院对哥本哈根市开展了第四次综合性的公共生活研究。研究工作的框架是由学校新成立的公共空间研究中心制定的。此次的研究目标不仅要阐明公共空间与公共生活在城市核心区域的发展情况，而且也要阐明其在城市其他区域的发展情况：从市中心到城市边缘，从中世纪的城市心脏地带到最新的开发区。哥本哈根市政厅提供了数据收集的财政支持，来自建筑学院的研究人员负责了数据的研究分析和成果的出版。其研究结果出版在《新城市生活》一书中，作者为扬·盖尔、拉尔斯·吉姆松、夏·柯克奈斯（Sia Kirknæs）和碧丽特·森德高（Britt Søndergaard）。[7]

这本书的书名概括此次研究的主要结论：更多的闲暇时间，资源的增加和社会的变化已经逐渐催生出一种“新城市生活”，包括了大量的在市中心正在进行的休闲和文化活动。而仅仅在两三代人以前，必要性、目的导向性的活动主宰着城市生活的景象，而今天，城市中滋生出了更为多元化的人类活动。在21世纪初，“休闲城市生活”（recreational city life）是公共空间使用途径的核心。

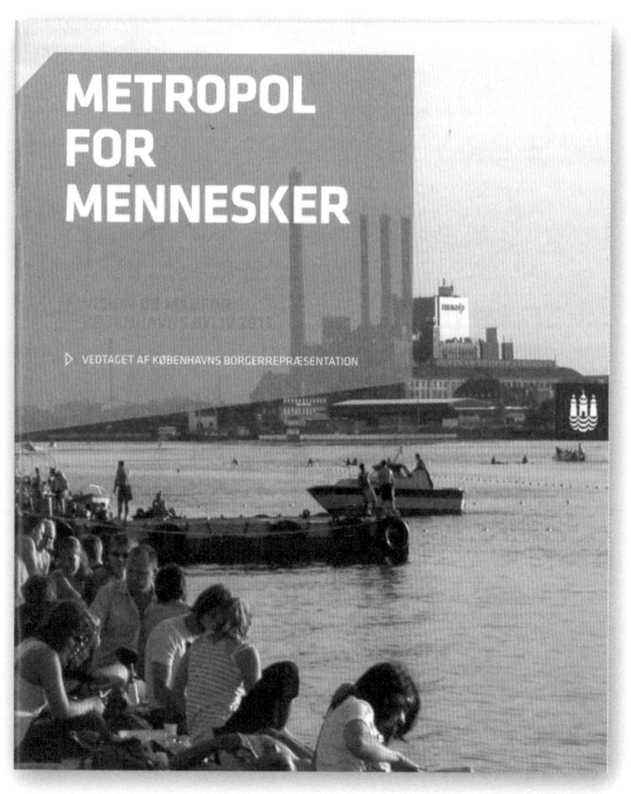

近年来，哥本哈根市已稳步发布了规划文件，将公共生活纳入城市规划中。在2009年的《人类的大都市》中，市议会介绍了让哥本哈根成为对人们来说世界上最佳城市的新战略。[8]

聚焦纳入城市发展政策的公共空间和公共生活研究

从20世纪60年代到90年代，哥本哈根市在两条战线上向前推进。丹麦皇家艺术学院建筑学院将聚焦公共空间和公共生活开展成为一个特殊的研究领域。与此同时，城市也在持续不断地把街道、广场和集市卖场改变为无车或几乎无车的区域，以便鼓励市民使用公共空间。原则上讲，这两条战线是分开的，一条战线的核心是城市研究，一条的核心则是城市转型。不过，哥本哈根及整个丹麦是一个相对来说规模比较小的社会，在各种环境间的交流距离也比较短。哥本哈根市政厅的工作人员，及全丹麦的规划者们和政治家们都跟随着在建筑学院所发生的事情，相反学校的研究人员则密切关注着在城市中所发生的一切。

年复一年，这两条战线的交流一直没有间断，渐渐地，丹麦人们对城市的发展及其方式的思考出现了明显的变化，这一变化也要归功于由公共生活研究成果所引发的媒体的关注，诸如各类出版物、研究和媒体争论等方式。为了提升城市的吸引力和城市间的竞争力，诸如公共空间和公共生活这样主题的重要性得到了进一步肯定。

这种关注点的变化使对城市公共生活的关注由一个研究领域演变为实际的城市政策。哥本哈根的“公共空间–公共生活”研究已经成为城市规划的一部分，就像交通发展研究一样，在过去的几十年间，这种研究一直为交通规划起到了基石的作用。

人们可以看到，记录公共生活发展，以及城市质量与城市生活之间联系的知识成为探讨城市转型、评估已实施的规划和确立未来发展目标的有益工具。

经过多年努力，哥本哈根逐步奠定了其在国际视野中的非常有吸引力的城市的地位。其对步行者、公共生活和骑自行车者的特殊关注对该城市形象的确立起到了关键作用。在许多场合中，该市的政治人士和规划师们都不约而同地指出，在哥本哈根发展起来的公共生活研究和城市对公共空间和公共生活的

上：哥本哈根，新港，1979年
下：哥本哈根，新港，2007年

关注之间存在着有趣的联系。在1996年，负责城市规划关注的市长Bente Frost曾说过："如果没有来自建筑学院的许多研究，我们这些政治官员是不会有勇气实施那么多旨在提升城市吸引力的项目的。"[9] 重要的是哥本哈根在这样一个持续的过程中，变得越来越以公共空间和公共生活的导向作为提升城市整体品质和良好国际形象的关键因素。

系统的记录公共生活，并将成果运用到公共政策制定的案例并不仅仅局限于发生在哥本哈根。不久之后，世界上其他国家的城市也都纷纷效仿。"哥本哈根化"（Copenhagenize）一词通常被用于描述通过系统化的数据驱动城市改善所得到的发展结果。"哥本哈根化"已经成为一个用来描述发展过程，以及描述一种以人为本的思考与规划方式的术语。

早在1988年和1990年，挪威的奥斯陆和瑞典的斯德哥尔摩分别开始进行自己的公共生活研究。1993—1994年，澳大利亚的珀斯和墨尔本也引入了哥本哈根"公共空间-公共生活"研究的模式。随后，该研究方法开始被迅速传播，2000—2012年间，阿德莱德、伦敦、悉尼、里加、鹿特丹、奥克兰、惠灵顿、克赖斯特彻奇、纽约、西雅图和莫斯科相继加入了使用"公共空间-公共生活"研究作为城市生活品质提升起点的行列。

城市进行这类基础研究，主要是为了获得人们如何在日常生活中使用城市的总体印象。随后，相应的发展规划和改造才可以被实施。

和哥本哈根一样，越来越多的城市逐渐启用"公共空间-公共生活"研究，以图表化呈现出在最初开展的基准研究后城市生活又是如何发展变化的。在首次开展基础研究的10—15年后，奥斯陆、斯德哥尔摩、珀斯、阿德莱德和墨尔本都相继开展了后续的"公共空间-公共生活"研究，以此作为制定城市政策的参考依据。在2004年墨尔本进行的后续研究是一个极佳的例子，即以具有针对性政策可以促成显著的成效。从2004年开始，富有成效的墨尔本研究成果再一次为确立新的目标奠定了基础，并将在未来开展同样的研究以监测城市公共空间的变化和发展。

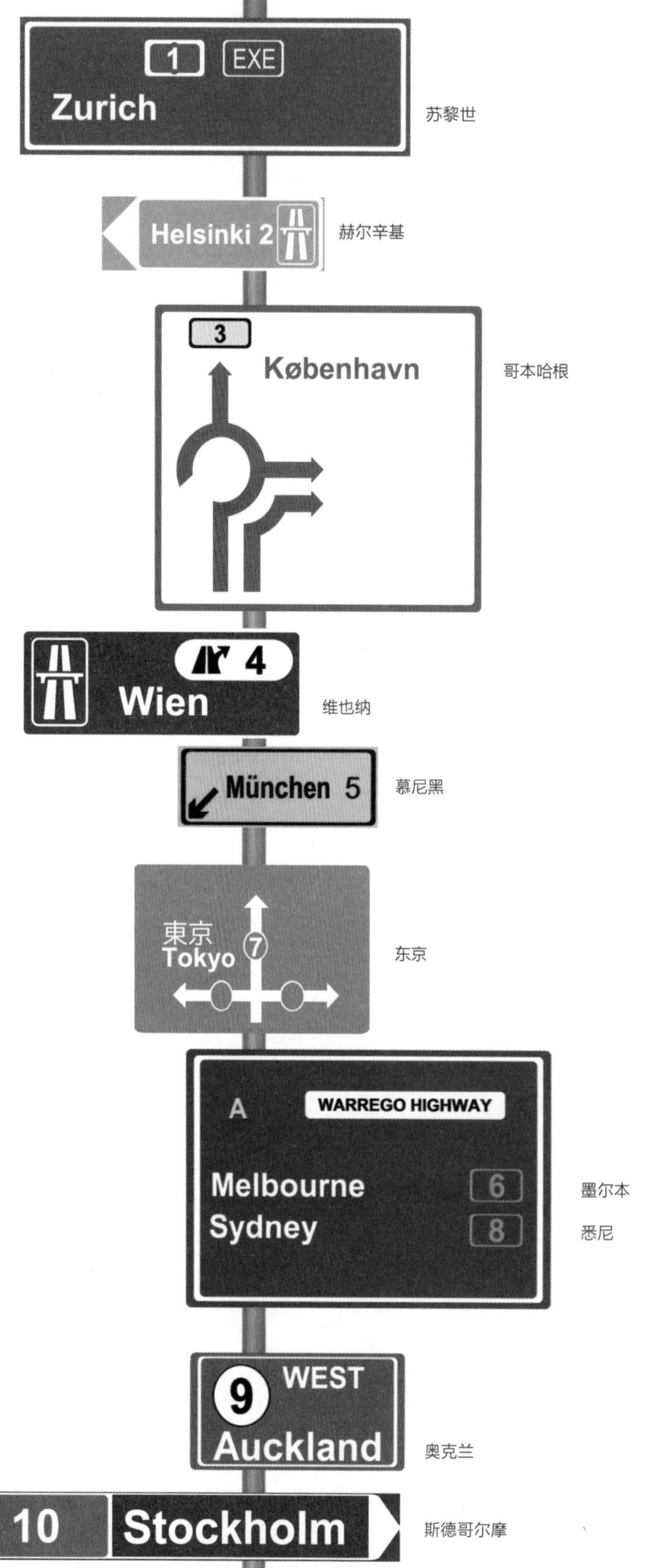

1 EXE
Zurich
苏黎世
Helsinki 2
赫尔辛基
3
København
哥本哈根
4
Wien
维也纳
München 5
慕尼黑
東京
Tokyo
7
东京
A
WARREGO HIGHWAY
Melbourne 6
Sydney 8
墨尔本
悉尼
9 WEST
Auckland
奥克兰
10 Stockholm
斯德哥尔摩

结语

自从1961年简·雅各布斯描述了（城市）垂死的前景——空城之后，在接下来的50多年中，公共空间与公共生活研究及对二者互动关系的研究方法已经取得了重大的发展。在那一时期，就本质上来说，没有关于空间形式如何影响城市公共生活的系统化知识。回顾历史进程，公共生活是在传统和经验中诞生的。事实上，城市在很大程度上是以公共生活为出发点建造的。但是从1960年左右开始，在逐渐被汽车主宰和迅速扩张的城市中，城市规划这一行业既不能从经验也不能从传统中获益。首先，城市毫无生机的这一问题需要呈现出来，其次，关于这方面的知识必须不断积累。最初的研究工作是试探性和直观的，后来经过不断深化总结综述和连续努力而强化。50年后的今天，我们可以看到，这项研究不仅有了一个已搭建起来的扎实的知识基础，而且也研发出了实用的方法和工具，从而通过系统的政策和规划的途径来邀请市民使用公共空间。

经历了漫长的过程，“公共空间–公共生活”研究已使政界人士和城市规划者们的眼睛中能够看得见使用公共空间的市民们。现在，通过规划以提高城市中公共生活的质量，或者至少确保公共空间对城市里的市民们来说是适用和舒适的。曾经被忽略的城市中的公共生活现在已经是一个已建立起来的研究领域，并被公认为对提升城市吸引力具有重要的影响力的研究领域。它同时也成为一项被认可的可用来教授和学习的领域，也是一个可以和其他城市规划领域的课题受到同样重视的领域。

以人为本的城市规划已经变成一个具备理论、知识、方法和很多可见成果的学术领域。哥本哈根和墨尔本的案例表明如何通过学术探索、“公共空间–公共生活”研究、未来的憧憬、政治意愿和实际行动将城市推进世界级城市的版图之上——不是因为这些城市的天际线或者地标性建筑，而是因为他们具有良好的公共空间和多彩的公共生活。关注城市中生活的人确保了这些城市的宜居性。在21世纪“全球最宜居的城市”列表中，哥本哈根和墨尔本连续荣登榜首绝非巧合。

良好城市一定是以人为本建造的城市。

我们能从世界最宜居城市的各种列表中学到什么，是一个值得讨论的话题。但是，近年来越来越多这样的列表被出版。杂志《Monocle》2007年开始制作自己的“最宜居城市”名单。

2012年《Monocle》排名前十的城市是：

1. 苏黎世；2. 赫尔辛基；3.哥本哈根；4. 维也纳；5. 慕尼黑；6. 墨尔本；7. 东京；8. 悉尼；9. 奥克兰；10. 斯德哥尔摩。[10]

2012年《Monocle》榜单前十中最显著的是，在这10个上榜城市中有6个进行过公共空间–公共生活的研究。这些城市做出了专注的努力，借助公共空间和公共生活调研的辅助，使城市变得更加人性化：苏黎世、哥本哈根、墨尔本、悉尼、奥克兰和斯德哥尔摩。

DARK AGE AHEAD JANE JACOBS
URBAN OPEN SPACES
on Streets
Anderson, editor
Desmond Morris · Den nøgne Abe
Gyldendal
Towards an Urban Renaissance
E & FN SPON
TOWN AND TOWNSCAPE Thomas Sharp
John Murray
SMALL URBAN SPACES
What Time Is This Place? Lynch
Bangkok Songlines
ENVIRONMENT & BEHAVIOR
FLESH AND STONE
THE BODY AND THE CITY IN WESTERN CIVILIZATION
NORTON
RALPH ERSKINE
ENVIRONMENT FOR MAN
RESPONSIVE ENVIRONMENTS
PUBLIC SPACES PUBLIC LIFE
Jane Jacobs
Alexiou
LANG & WUNSCH
GENIUS OF COMMON SENSE
ERVING GOFFMAN
Behavior in Public Places
SBI-rapport 71
The Hidden Dimension
LaFarge · The Essential WILLIAM H. WHYTE
THE ART OF BUILDING CITIES
JAN GEHL
LIFE BETWEEN BUILDINGS
WHYTE
CITY
TOWNSCAPE
A PATTERN LANGUAGE
TOWNSCAPE GORDON CULLEN
Newman Defensible Space
Personal Space The behavioral basis of design
THE DEATH AND LIFE OF GREAT AMERICAN CITIES
JANE JACOBS

注释
参考文献
图表、照片
制作名单

注释

Chapter 1

1. Among others: Jane Jacobs, *The Death and Life of Great American Cities* (New York: Random House, 1993 (1961)); Jan Gehl, *Life Between Buildings* (Copenhagen: The Danish Architectural Press, 1971, distributed by Island Press); William H. Whyte, *The Social Life of Small Urban Spaces* (New York: Project for Public Spaces, 1980).
2. Jane Jacobs, op. cit., unpaginated
3. Georges Perec (1936-1982) was a French novelist, filmmaker, documentarist and essayist. His first novel, *Les choses* (*Things: A Story of the Sixties*), was written in 1965. His most famous work is *La vie – mode d'emploi* (*Life – A User's Manual*), from 1978. Minor works with urban cultural interest are *Espèces d'espaces* (*Species of Spaces and other Pieces*), 1974, and *Tentative d'épuisement d'un lieu parisien* (*An Attempt at Exhausting a Place in Paris*), 1975.
4. Georges Perec, *Species of Spaces and Other Pieces* (London: Penguin, 1997).
5. Ibid., 50.
6. Jane Jacobs, op. cit., xxiv.
7. According to the Macmillan online dictionary, to observe means "to watch or study someone or something with care and attention in order to discover something". http://www.macmillandictionary.com/dictionary/british/observe (07-24-2013).
8. The Danish Union of Journalists, *Fotografering og Privatlivets Fred.* (*Photographing and Privacy.* In Danish) (Copenhagen: Dansk Journalistforbund, March, 1999).
9. For 'sidewalk ballets', see among others, Jane Jacobs, op. cit., 50.
10. Jan Gehl, "Mennesker til fods." ("People on Foot." In Danish), in *Arkitekten* no. 20 (1968): 444.
11. Ibid., 444.

Chapter 2

1. Jan Gehl and Lars Gemzøe, *New City Spaces* (Copenhagen: The Danish Architectural Press, 2000): 72-77.
2. Ibid., Chapter 1, note 14.
3. Clare Cooper Marcus is a public life study pioneer. She stressed the need to focus on women, children and the elderly. See Clare Cooper Marcus and Carolyn Francis, *People Places: Design Guidelines for Urban Open Spaces* (New York: Van Nostrand Reinhold, 1990).
4. Presentation for Gehl Architects by Bryant Park Corporation (BPC) President Dan Biederman, October 2011 in Bryant Park. Although public, the park is privately run and financed by the Corporation.
5. Material sent from Bryant Park plus the presentation by President Dan Biederman, October 2011 in Bryant Park.
6. Jan Gehl, "Mennesker til fods." ("People on Foot." In Danish), in *Arkitekten* no. 20 (1968): 432.
7. Jan Gehl and Lars Gemzøe, et al., *New City Life* (Copenhagen: The Danish Architectural Press, 2000).
8. Ibid., 9.
9. Jan Gehl, op. cit., *Cities for People*: 32.
10. William H. Whyte, *The Social Life of Small Urban Spaces* (New York: Project for Public Spaces, 1980): 94-97.
11. Jan Gehl, op. cit., "People on Foot": 435.
12. Ibid., 435.
13. Studies of the correlation between types of activities and their duration: Jan Gehl, op. cit., *Cities for People*: 92-95.

Chapter 3

1. A steady stream of people is a prerequisite for being able to conduct 10-minute headcounts. Counting has to be for longer intervals if there are fewer people. 10-minute headcounts are based on numerous studies conducted by Jan Gehl since the end of the 1960s.
2. Gehl Architects, *Chongqing Public Space Public Life Study and Pedestrian Network Recommendations* (Chongqing: City of Chongqing, 2010).
3. Jan Gehl, "Mennesker i byer." ("People in Cities." In Danish), in *Arkitekten* no. 20, 1968): 425-443.
4. Tracking registrations were made in December 2011 on Strøget, Copenhagen's main pedestrian street, by landscape architect Kristian Skaarup together with Birgitte Bundesen Svarre, Gehl Architects.
5. Jan Gehl, *The Interface between Public and Private Territories in Residential Areas* (Melbourne: Department of Architecture and Building, 1977): 63.
6. Ibid., Observations in connection with the Melbourne study were published here.
7. Jan Gehl, *Public Spaces and Public Life in Perth* (Perth: State of Western Australia 1994). Although pedestrian waiting time was reduced in the period up to the next public life study conducted in 2009, the second study documented that pedestrians in downtown Perth still had to push a button for a green light and do a considerable amount of waiting: Gehl Architects, *Public Spaces and Public Life Perth 2009* (City of Perth, 2009): 39. Sydney report: Gehl Architects, *Public Spaces Public Life Sydney 2007* (Sydney: City of Sydney, 2007).
8. Gehl Architects, *Public Spaces Public Life Sydney 2007* (Sydney: City of Sydney, 2007): 56.

Chapter 4

1. Gordon Cullen, *The Concise Townscape* (London: The Architectural Press, 1961).
2. Denmark adopted its first urban planning legislation in 1925. See Arne Gaardmand, *Dansk byplanlægning 1938-1992* (*Danish Urban Planning*. In Danish), (Copenhagen: The Danish Architectural Press, 1993): 11.
3. Camillo Sitte, *The Art of Building Cities* (Westport, Connecticut: Hyperion Press reprint 1979 of 1945 version). Originally published in German: Camillo Sitte, *Städtebau nach seinen künstlerischen Grundsätzen* Vienna: Verlag von Carl Graeser, 1889).
4. Le Corbusier, *Vers une architecture* (Paris: Editions Flammarion 2008 (1923)). First edition in English: Le Corbusier, *Towards a New Architecture* (London: The Architectural Press, 1927).
5. Ibid., The Athens Charter was drawn up at the Congrès International d'Architecture Moderne (CIAM) in Athens in 1933. Le Corbusier was a co-founder of the CIAM congresses.
6. Key figures on cars per household: Statistics Denmark, *Nyt fra Danmarks Statistik* (*Latest Release*. In Danish.), no. 168 (March 2012).
7. Key figures in diagram about household size: Statistics Denmark, *Danmark i Tal 2012* (*Statistics Yearbook 2012*. In Danish): 7.
8. National Institute of Public Health, *Folkesundhedsrapporten* (*Public Health Report*. In Danish), ed. Mette Kjøller, Knud Juel and Finn Kamper-Jørgensen (Copenhagen: National Institute of Public Health, University of Southern Denmark, 2007): 159-166. Ibid., "Dødeligheden i Danmark gennem 100 år." ("A Century of Mortality in Denmark." In Danish), 2004: 58 (age standardized). *Sundheds- og sygelighedsundersøgelserne* (*Health and Disease Studies*. In Danish), 2010: 73-98.
9. The Radburn principle gets its name from a 1928 plan for a new community, Radburn, in New Jersey. See Michael Southworth and Eran Ben-Joseph, *Streets and the Shaping of Towns and Cities* (Washington DC: Island Press, 1997): 70-76.
10. The Garden City Movement began in England, and the principles are stated in the form of a manifesto by the movement's founder: Ebenezer Howard, *Garden Cities of To-Morrow* (1898 or 1902) (Cambridge, MA: MIT Press, 1965, with an introductory essay by Lewis Mumford).
11. For example, in 1967 Jan Gehl criticized the newly built Høje Gladsaxe complex, then on the outskirts of Copenhagen, for its 'poverty of experience' and thus lack of inspiration for human creativity: Jan Gehl, "Vore fædre i det høje!" ("Our Fathers on High!" In Danish), in *Havekunst*, no. 48 (1967): 136-143.

12. Information on working hours (in Danish): http://www.denstoredanske.dk/Samfund,_jura_og_politik/%C3%98konomi/L%C3%B8nteorier_og_-systemer/arbejdstid (08.04.2013). Information on length of vacation (in Danish): www.denstoredanske.dk/Samfund,_jura_og_politik/%C3%98konomi/L%C3%B8nteorier_og_-systemer/arbejdstid (04-08-2013).
13. City of Copenhagen, *Copenhagen City of Cyclists. Bicycle Account 2010* (Copenhagen: City of Copenhagen, 2011).
14. Jane Jacobs, *The Death and Life of Great American Cities* (New York: Random House, 1993 (1961)): 3.
15. Ibid., back cover.
16. Gordon Cullen's book is the written foundation for the Townscape Movement, which started in England. The book is about creating connectivity and richness of experience for pedestrians between buildings, city space and streets. Gordon Cullen, *The Concise Townscape* (Oxford: The Architectural Press, 2000 (1961)).
17. Aldo Rossi, *L'Architettura della città* (Padova: Marsilio 1966); reprinted (Macerata: Edizione Quodlibet 2011); published in English in 1984 with an introduction by Peter Eisenman: Aldo Rossi, *The Architecture of the City* (Cambridge, MA: MIT Press, 1984).
18. Jane Jacobs, op. cit.
19. Ibid., 21-34.
20. Alice Sparberg Alexiou, Jane Jacobs – *Urban Visionary* (New Jersey: Rutgers University Press, 2006): 9-26, 57-67. Jan Gehl, "For you, Jane." in Stephen A. Goldsmith and Lynne Elizabeth (ed.): *What We See – Advancing the Observations of Jane Jacobs* (Oakland, California: New Village Press, 2010): 235.
21. Jane Jacobs: "Downtown is for People." (reprinted in *Fortune* Magazine, September 18, 2011). Originally published in 1958, written on the basis of a speech Jane Jacobs held at Harvard University in 1956. William H. Whyte invited Jane Jacobs to turn her speech into an article for the magazine.
22. The quote is from Paul Goldberger, architecture critic for the New York Times, in his foreword to *The Essential William H. Whyte*, ed. Albert LaFarge (New York: Fordham University Press, 2000): vii.
23. The Street Life Project received financial support from New York City's Planning Commission as well as a number of foundations.
24. William H. Whyte, *The Social Life of Small Urban Spaces* (New York: Project for Public Spaces, 1980).
25. William H. Whyte, *The Social Life of Small Urban Spaces*, film produced by The Municipal Art Society (New York, 1990).
26. William H. Whyte, op. cit.
27. Kevin Lynch, *The Image of the City* (Cambridge Mass.: MIT Press, 1960).
28. Christopher Alexander, *A Pattern Language* (Oxford: Oxford University Press, 1977).
29. Christopher Alexander, *The Timeless Way of Building* (Oxford: Oxford University Press, 1979).
30. Christopher Alexander,"The Timeless Way." In *The Urban Design Reader* (New York: Routledge 2007): 93-97.
31. Christopher Alexander, op. cit., *The Timeless Way of Building*: 754.
32. Christopher Alexander, op. cit., *A Pattern Language*: 600.
33. Clare Cooper Marcus and Wendy Sarkissian, *Housing as if People Mattered. Site Design Guidelines for Medium-Density Family Housing* (Berkeley: University of California Press, 1986): 43.
34. Ibid., vii-viii.
35. Clare Cooper Markus and Carolyn Francis, *People Places: Design Guidelines for Urban Open Spaces* (New York: Van Nostrand Reinhold, 1990): 6.
36. Clare Cooper Markus and Marni Barnes, *Healing Gardens, Therapeutic Benefits and Design Recommendations* (New York: Wiley, 1999).
37. The studies were published in a book about the driver's experience of the city seen in movement: Donald Appleyard, Kevin Lynch and John R. Myer, *A View from the Road* (MIT Press, 1965).
38. Summary of *Livable Streets* (1980) in Donald Appleyard, "Livable Streets: Protected Neighborhoods?" (*Annals*, AAPSS, 451, September, 1980): 106. Ironically, Appleyard was hit and killed by a car.
39. The study was conducted at the end of the 1960s, but first published in the book: Donald Appleyard, *Livable Streets* (Berkeley: University of California Press, 1981): 16-24.
40. Jane Jacobs, op. cit., *The Death and Life of Great American Cities*.
41. Donald Appleyard, op. cit., *Livable Streets*.
42. Peter Bosselmann studied architecture in Germany and Los Angeles, and has been a professor of Urban Design at UC Berkeley since 1984.
43. Peter Bosselmann, *Representation of Places. Reality and Realism in City Design* (California: University of California Press 1998): xiii
44. Peter Bosselmann et al., *Sun, Wind, and Comfort. A Study of Open Spaces and Sidewalks in Four Downtown Areas* (Berkeley, CA: Institute of Urban and Regional Development, College of Environmental Design, University of California, Berkeley, 1984).
45. Peter Bosselmann, "Philosophy." Portrait on UC Berkeley's website: www.ced.berkeley.edu/ced/people/query.php?id=24 (06-15-2011).
46. Peter Bosselmann et al., op. cit.

47. Jan Gehl, *Cities for People* (Washington DC, Island Press, 2010): 183-184.
48. Peter Bosselmann, op. cit., *Representation of Places: Reality and Realism in City Design*.
49. Peter Bosselmann, *Urban Transformations* (Washington DC: Island Press, 2008).
50. Allan Jacobs, *Great Streets* (Cambridge Massachusetts: MIT Press, 1993): 15.
51. The "We like cities" quote comes from the manifesto that Allan Jacobs co-authored: Allan Jacobs and Donald Appleyard, "Toward an Urban Design Manifesto." In *The Urban Design Reader* (New York: Routledge, 2007, ed. Michael Larice and Elizabeth Macdonald): 108.
52. Allan Jacobs, "Conclusion: Great Streets and City Planning." In *The Urban Design Reader* (New York: Routledge, 2007, ed. Michael Larice and Elizabeth Macdonald): 387-390.
53. Allan Jacobs and Donald Appleyard, op. cit., 98-108.
54. Ibid., headlines and main points: 102-104.
55. Ibid., 104-108.
56. Ibid., 108.
57. Allan Jacobs, *Looking at Cities* (Cambridge, MA: Harvard University Press, 1985).
58. Allan B. Jacobs, op. cit., *Great Streets*.
59. Ibid., 170.
60. Reference is to Jan Gehl's book by the same name, which has become a classic in city life studies. Jan Gehl, *Life Between Buildings* (Copenhagen: The Danish Architectural Press, 1971, distributed by Island Press).
61. Inger and Johannes Exner, Amtsstuegården at Hillerød, 1962 (project not realized). See Thomas Bo Jensen, *Exner* (Risskov: Ikaros Academic Press, 2012).
62. See criticism of the newly built modernistic suburban buildings outside Copenhagen in: Jan Gehl, op. cit., "Our Fathers on High!": 136-143.
63. Jan and Ingrid Gehl, "Torve og pladser." ("Urban squares." In Danish), in *Arkitekten* no. 16, 1966: 317-329; Jan and Ingrid Gehl, "Mennesker i byer." ("People in Cities." In Danish), in *Arkitekten* no. 21, 1966: 425-443; Jan and Ingrid Gehl, "Fire italienske torve." ("Four Italian Piazzas." In Danish), in *Arkitekten* no. 23, 1966: 474-485.
64. Study of Piazza del Popolo, op. cit., "People in Cities.": 436.
65. Jan and Ingrid Gehl, op. cit., "Four Italian Piazzas.": 477.
66. Ibid., 474.
67. Jan and Ingrid Gehl, op. cit., "People in Cities.": 425.
68. Ibid., 425-27.
69. Jan and Ingrid Gehl, op. cit., "Four Italian Piazzas.": 484.
70. Jan Gehl, *Life Between Buildings* (New York: Van Nostrand Reinhold, 1987).
71. Jan Gehl, *Life Between Buildings* was published in Danish (1971), Dutch (1978), Norwegian (1980), English (1st edition, Van Nostrand Reinhold, 1987), Japanese (1990), Italian (1991), Chinese (1991), Taiwanese (1996), Danish (3rd edition, The Danish Architectural Press, 1996), English (3rd edition, The Danish Architectural Press, 1996), Czech (2000), Korean (2002), Spanish (2006), Bengali (2008), Vietnamese (2008), Polish (2010), Serbian (2010), Rumanian (2010), English (2010, new edition, Island Press) German (2012), Japanese (reissued 2012), Italian (reissued, 2012), Russian (2012), Thai (2013) and Greek (2013).
72. Ingrid Gehl, *Bo-miljø* (*Housing Environment*. In Danish), (Copenhagen: SBI report 71, 1971).
73. See Jan Gehl, "Soft Edges in Residential Streets." in *Scandinavian Housing and Planning Research*, no. 2, 1986: 89-102.
74. Jan Gehl, op. cit., *Life Between Buildings*, foreword.
75. Jan Gehl, Ibid., 82.
76. Claes Göran Guinchard, *Bilden av förorten* (*Playground Studies*. In Swedish) (Stockholm: Kungl. Tekniska Högskolan 1965); Derk de Jonge, "Seating preferences in restaurants and cafés." (Delft 1968); Derk de Jonge, "Applied hodology," *Landscape* 17 no. 2, 1967-68: 10-11. Since 1972 Rolf Monheim has studied pedestrian streets in the midst of many German cities, counting pedestrians, registering stationary activities, etc. For a summary, see: Rolf Monheim, "Methodological aspects of surveying the volume, structure, activities and perceptions of city centre visitors." In *GeoJournal* 46, 1998: 273-287.
77. For a treatment of public life studies and urban design, see: Anne Matan, *Rediscovering Urban Design through Walkability: an Assessment of the Contribution of Jan Gehl*, PhD thesis (Perth: Curtin University: Curtin University Sustainability Policy (CUSP) Institute, 2011).
78. As evidenced by the comprehensive collections of papers published in conjunction with the annual EDRA conferences. See for example: *Edra 42 Chicago, Conference Proceedings*, ed. Daniel Mittleman and Deborah A. Middleton, The Environmental Design Research Association, 2011.
79. *Variations on a Theme Park – The New American City and the End of Public Space*, ed. Michael Sorkin (New York: Hill and Vang, 1992).
80. About the late or postmodern conditions for society and the

rise of the network society, see, for example: Manuel Castells, *The Rise of the Network Society, The Information Age: Economy, Society and Culture Vol. I.* (Cambridge, MA; Oxford, UK: Blackwell, 1996); Frederic Jameson, *Postmodernism: The Cultural Logic of Late Capitalism*, (Durham, NC: Duke University Press, 1991); Edward Soja, *Thirdspace: Journeys to Los Angeles and Other Real-and-Imagined Places* (Oxford: Basil Blackwell, 1996).

81. Jan Gehl and Lars Gemzøe, et al., *New City Life* (Copenhagen: The Danish Architectural Press, 2000): 18
82. Ibid., 29.
83. Gehl Architects continues the tradition of collaboration with institutions of higher education, and studies are often conducted together with a local university and contain an educational element for observers.
84. For example, this is the case for Jan Gehl of Gehl Architects, Allan Jacobs as an independent consultant and the Project for Public Spaces (PPS) in New York.
85. 1968 study: Jan Gehl, "Mennesker til fods." ("People on Foot." In Danish), in *Arkitekten* no. 20 (1968): 429-446; 1986 study: Jan Gehl, Karin Bergdahl and Aase Steensen, "Byliv 1986. Brugsmønstre og Udviklingstendenser 1968-1986." ("Public Life 1986. Consumer Patterns and Development Trends 1968-1986." In Danish), in *Arkitekten* no. 12 1987: 285-300; 1996 study: Jan Gehl and Lars Gemzøe, *Public Spaces Public Life* (Copenhagen: The Danish Architectural Press and The Royal Danish Architecture School, 1996); 2006 study: Jan Gehl and Lars Gemzøe et al., *New City Life* (Copenhagen: The Danish Architectural Press, 2006)
86. Jan Gehl, Karin Bergdahl and Aase Steensen, "Byliv 1986." ("Public Life 1986." In Danish) in *Arkitekten*, 1986: 294-95; Jan Gehl and Lars Gemzøe, *Public Spaces Public Life* (Copenhagen: The Danish Architectural Press, 1996); Jan Gehl and Lars Gemzøe, et al., op. cit.
87. Jan Gehl, *Stadsrum og Stadsliv i Stockholms city* (*Public Space and Public Life in the City of Stockholm*. In Swedish) (Stockholm: Stockholm Fastighetskontor og Stockholms Stadsbyggnadskontor, 1990); Gehl Architects, *Stockholmsforsöket og Stadslivet i Stockholms Innerstad* (*Stockholm Study and Public Life in the Inner City*. In Swedish) (Stockholm: Stockholm Stad, 2006); City of Melbourne and Jan Gehl, *Places for People*, (Melbourne: City of Melbourne, 1994); City of Melbourne and Gehl Architects, *Places for People* (Melbourne: City of Melbourne, 2004); Jan Gehl, Government of Western Australia og City of Perth, *Public Spaces & Public Life in Perth* (Perth: Department of Planning and Urban Development, 1994); Gehl Architects, *Public Spaces and Public Life* (Perth: City of Perth, 2009); Gehl Architects, *Byens Rum og Byens Liv Odense 1998* (*Public Space and Public Life Odense 1998*. In Danish) (Odense: Odense Kommune, 1998); Gehl Architects, *Odense Byliv og Byrum* (*Odense Public Life and Public Space*. In Danish) (Odense: Odense Kommune, 2008).
88. Project for Public Spaces, Inc., *How to Turn a Place Around. A Handbook for Creating Successful Public Spaces* (New York: Project for Public Spaces, 2000): 35.
89. Ibid.
90. Jay Walljaspar, *The Great Neighborhood Book. A Do-it-yourself-Guide to Placemaking Book* (New York City: Project for Public Spaces, 2007).
91. Project for Public Spaces, Inc., op. cit., *How to Turn a Place Around.*
92. Leon Krier, *New European Quarters*, plan for New European Quarters (Luxembourg, 1978). Aldo Rossi, op. cit.
93. Donald Appleyard, op. cit., *Livable Streets*; Clare Cooper Marcus, op. cit., *Housing as if People Mattered*; Allan Jacobs, *Looking at Cities* (Cambridge, MA: Harvard University Press, 1985); Peter Bosselmann, op. cit., *Representation of Places. Reality and Realism in City Design*; Peter Bosselmann et al. op. cit., *Sun, Wind, and Comfort: A Study of Open Spaces and Sidewalks in Four Downtown Areas.*
94. Aldo Rossi, op. cit.
95. Richard Rogers and Philip Gumuchdjian, *Cities for a Small Planet* (London: Faber and Faber, 1997).
96. Congress for the New Urbanism, *Charter of the New Urbanism*, 2001, see www.cnu.org (04.19.2012). Although the charter is formulated in general terms, the work of the New Urbanists is concentrated on precisely formulated design guidelines.
97. Jan Gehl, op. cit., *Life Between Buildings*; Clare Cooper Marcus, op. cit., *Housing as if People Mattered.*
98. Jan Gehl, Ibid., 77-120.
99. Clare Cooper Marcus, op. cit.
100. Jan Gehl and Lars Gemzøe, et al. op. cit., 34-39.
101. For example, see chapter 6 in Jan Gehl, op. cit., *Cities for People*: 222-238.
102. While the term livable can be used to mean places that are barely tolerable to live in, the term is also used more positively about cities and places. Here the term is used as an expression of attractiveness and life quality.
103. The results of the studies can be found in Donald Appleyard, op. cit., *Livable Streets.*
104. The magazines *Monocle*, *The Economist* and *Mercer*, among others.

105. The U.S. Department of Transportation about livability, strategies and initiatives: www.dot.gov/livability (04-19-2012).
106. Ray LaHood, U.S. Secretary of Transportation, quoted from: www.dot.gov/livability (04-19-2012).
107. City of Copenhagen, *Metropolis for People* (Copenhagen: City of Copenhagen, 2009).
108. Ed. Stephen A. Goldsmith & Lynne Elizabeth, op. cit.
109. Jan Gehl, op. cit., *Cities for People.*
110. Ulrich Beck, *Risk Society: Towards a New Modernity* (London: Sage, 1992), originally published in German in 1986; United Nations, *Our Common Future* (Oxford: Oxford University Press, 1987); Hugh Barton, Catherine Tsourou, *Healthy Urban Planning* (London: Taylor & Francis, 2000); *Monocle* magazine launched its livability list in 2007, which was called 'The Most Livable City Index' from 2009. The statistics for the percentage of the population that lives in cities in Denmark is from Statistics Denmark *Befolkningen i 150 år* (*The Population for 150 Years*. In Danish) (Copenhagen: Statistics Denmark, 2000): 39% in 1900; more than two-thirds by 1950 and 85% in 1999.
111. Jan Gehl, op. cit., *Cities for People*: 239.
112. Ethan Bronner, "Bahrain Tears Down Monument as Protesters Seethe" in *The New York Times*, March 18, 2011, see: www.nytimes.com/2011/03/19/world/middleeast/19bahrain.html?_r=2& (04-08-2013).
113. *Beyond Zucotti Park. Freedom of Assembly and the Occupation of Public Space*, ed. Shiffman et al. (Oakland, CA: New Village Press, 2012).
114. Jane Jacobs wrote about the street's importance to safety, in particular that there are people on the street to act as a natural monitoring system, which she called having 'eyes on the street' Jane Jacobs, op. cit., *The Death and Life of Great American Cities*: 35.
115. Oscar Newman, *Defensible Space* (New York: Macmillan, 1972).
116. Mike Davis, *City of Quartz: Excavating the Future in Los Angeles* (Verso Books, 1990); Ulrich Beck, op. cit.
117. Ethan Bronner, op. cit.
118. The Realdania Foundation funded several centers in addition to the Center for Public Space Research, including the Center for Strategic Urban Research (2004-2009), Center for Housing and Welfare (2004-2009), and Center for Management Studies of the Building Process (2004-2010). During this period, Realdania invested approximately DKK 150 million in interdisciplinary environments primarily intended to study elements in the fields of architecture and urban planning that are not necessarily architectural works, such as strategies, welfare and life between buildings: public space. See www.realdania.dk (04-19-2012).
119. Quote from Jan Gehl on the purpose of the Center for Public Space Research in a press release from Realdania in conjunction with the inauguration of the Center: http://www.realdania.dk/Presse/Nyheder/2003/Nyt+center+for +byrumsforskning+30,-d-,10,-d-,03.aspx (12-20-2011).
120. Jan Gehl and Lars Gemzøe et al., op. cit.
121. Google Street View was introduced in 2007 (and came to Denmark in 2010). http://da.wikipedia.org/wiki/Google_Street_View (04-19-2012).
122. Henrik Harder, *Diverse Urban Spaces*, GPS-based research project at Aalborg University: www.detmangfoldigebyrum.dk (04-08-2013).
123. Noam Shoval, "The GPS Revolution in Spatial Research." In *Urbanism on Track*. Application of Tracking Technologies in Urbanism, ed. Jeroen van Schaick and Stefan van der Spek (Delft: Delft University Press, 2008): 17-23.
124. Bill Hillier and Julienne Hanson, *The Social Logic of Space* (Cambridge, UK: Cambridge University Press, 1984).
125. Bill Hillier, *Space as the Machine. A Configural Theory of Architecture* (Cambridge: Press Syndicate of the University of Cambridge, 1996) (London: Space Syntax 2007): vi.
126. www.spacesyntax.com (09-13-2012).
127. Bill Hillier and Julienne Hanson, op. cit.
128. Jane Jacobs, op. cit., *The Death and Life of Great American Cities*: 6.

Chapter 5

1. Jan Gehl and Ingrid Gehl, "Mennesker i byer." ("People in Cities." In Danish) in *Arkitekten* no. 21 (1966): 425-443.
2. For the edge effect, see Jan Gehl, *Life Between Buildings*, (Copenhagen: The Danish Architectural Press, 1971, distributed by Island Press): 141, with reference to Dutch sociologist Derk de Jonge, who studied the order in which recreational areas are used. Edges of woods, beaches, copses and clearings are chosen in preference to open fields and coastal areas: Derk de Jonge, "Applied Hodology." In *Landscape* 17, no. 2, 1967-68: 10-11. There is also a reference to Edward T. Hall for his explanation of the edge effect as mankind's penchant for being able to oversee space with back covered and suitable distance to others: Edward T. Hall, *The Hidden Dimension* (Garden City, New York: Doubleday, 1990 (1966)).
3. Plan, pictures and captions from Jan Gehl and Ingrid Gehl, op. cit., "People in Cities.": 436-437.
4. Photographs, diagram and captions on this page from Jan Gehl, "Mennesker til fods." ("People on Foot." In Danish), in *Arkitekten* no. 20 (1968): 430, 435.
5. Ibid., 429-446.
6. Ibid., 442.
7. Ibid., 442.
8. Jan Gehl and Ingrid Gehl, op. cit., "People in Cities.": 427-428.
9. Ibid.
10. Jan Gehl, "En gennemgang af Albertslund." ("Walking through Albertslund." In Danish), in *Landskab* no. 2 (1969): 33-39.
11. Ibid., 33-39. (Pictures and original text on opposite page)
12. Ibid., 34.
13. Torben Dahl, Jan Gehl et al., *SPAS 4. Konstruktionen i Høje Gladsaxe* (*Building in Høje Gladsaxe*. In Danish) (Copenhagen: Akademisk Forlag, 1969). SPAS: Sociology-Psychology-Architecture-Study group.
14. Jan Gehl, "Vore fædre i det høje!" ("Our Fathers on High!" In Danish), in *Havekunst*, no. 48 (1967): 136-143.
15. Torben Dahl, Jan Gehl et al., op. cit., *Konstruktionen i Høje Gladsaxe*: 4-16.
16. Jan Gehl, Freda Brack and Simon Thornton, *The Interface Between Public and Private Territories in Residential Areas* (Melbourne: Department of Architecture and Building, 1977): 77.
17. Ibid.
18. The importance of edges is a recurring theme in Jan Gehl's studies. For a summary see the section on "soft edges in residential areas" in Jan Gehl, *Cities for People* (Washington D.C.: Island Press, 2010): 84-98.
19. Map and captions from Jan Gehl, Freda Brack and Simon Thornton, op. cit., *The Interface Between Public and Private Territories in Residential Areas*: 63, 67.
20. The study of the Canadian residential streets was published initially in the first English edition of Jan Gehl's seminal work: Jan Gehl, *Life Between Buildings* (Copenhagen. The Danish Architectural Press, 1971, distributed by Island Press).
21. Jan Gehl, Ibid., 174.
22. First published in: Jan Gehl, Ibid., 164.
23. Jan Gehl, Ibid., 164.
24. Jan Gehl, Solvejg Reigstad and Lotte Kaefer, "Close Encounters with Buildings" in special issue of *Arkitekten* no. 9 (2004).
25. Ibid., 6-21.
26. Jan Gehl, op. cit., *Life Between Buildings*: 139-145.
27. Pictures and text from the latest version of façade assessment tools in Jan Gehl, op. cit., *Cities for People*: 250-251.
28. Jan Gehl, *Stadsrum og Stadsliv i Stockholms City* (*Public Space and Public Life in the City of Stockholm*. In Swedish) (Stockholm: Stockholms Fastighetskontor og Stockholms Stadsbyggnadskontor, 1990).
29. The reduced version of the quality criteria with 12 points was later published in Jan Gehl et al., *New City Life* (Copenhagen: The Danish Architectural Press, 2006): 106-107. The 12 points were used in that book to assess numerous public spaces in Copenhagen. The latest published version in book format is in Jan Gehl, op. cit., *Cities for People*: 238-239.
30. Jan Gehl et al., op. cit., *New City Life*: 106-107.
31. For human senses and needs related to public space, see Jan Gehl, op. cit., *Life Between Buildings*, inspired by, among others, Robert Sommer, *Personal Space: The Behavioral Basis of Design* (Englewood Cliffs N.J.: Prentice-Hall, 1969) and anthropologist Edward T. Hall, *The Hidden Dimension* (Garden City, New York: Doubleday, 1990 (1966)).
32. See the latest published version in Jan Gehl, op. cit., Cities for People: 238-239.
33. Ibid., 50 (diagram). Found in earlier versions: published initially in the first English edition of Jan Gehl's seminal work: *Life Between Buildings* (New York: Van Nostrand Reinhold, 1987, reprinted by Island Press, 2011).
34. See among others: Robert Sommer, op. cit., *Personal Space*; Edward T. Hall, *The Silent Language* (Garden City, N.Y. : Doubleday, 1959); Edward T. Hall, op. cit., *The Hidden Dimension*.
35. Jan Gehl, op. cit., *Cities for People*: 50.
36. William H. Whyte, *The Social Life of Small Urban Spaces* (New York: Project for Public Spaces 2001 (1980)): 72-73

37. Camilla Richter-Friis van Deurs from Gehl Architects conducted the experiment with workshop participants from Vest- and Aust-Agder County in Arendal, Norway, January 23, 2012.
38. Jan Gehl, op. cit., *Cities for People*: 27.
39. William H. Whyte, op. cit., *The Social Life of Small Urban Spaces*: 28.
40. Gehl Architects, *Byrum og Byliv. Aker Brygge, Oslo 1998 (Public Space and Public Life. Aker Brygge, Oslo 1998*. In Norwegian) (Oslo: Linstow ASA, 1998).
41. Jan Gehl, op. cit., *Cities for People*: 27.
42. Donald Appleyard and Mark Lintell, "The Environmental Quality of City Streets: The Residents' Viewpoint." Journal of the American Institute of Planners, no. 8 (March 1972): 84-101. Later published in Donald Appleyard, M. Sue Gerson and Mark Lintell, *Livable Streets* (Berkeley, CA: University of California Press, 1981).
43. Donald Appleyard and Mark Lintell, *The Environmental Quality of City Streets: The Residents' Viewpoint* (Berkeley CA: Department of City and Regional Planning, University of California: year unknown): 11-21.
44. Illustration from Jan Gehl, op. cit., *Life Between Buildings*: 32.
45. Peter Bosselmann, *Representation of Places. Reality and Realism in City Design* (California: University of California Press, 1998): 62-89.
46. Ibid., 78.
47. William H. Whyte, op. cit., *The Social Life of Small Urban Spaces*: 36-37; 54-55.
48. Ibid., 55.
49. Ibid., 110.
50. Ibid., 36.
51. Ibid., 54.
52. Stefan van der Spek, "Tracking Pedestrians in Historic City Centres Using GPS." In *Street-level Desires. Discovering the City on Foot*, ed. F. D. van der Hoeven, M. G. J. Smit and S. C. van der Spek, 2008: 86-111.
53. Ibid.

Chapter 6

1. When Allan Jacobs received a Kevin Lynch Award in 1999, it was largely in response to his work for San Francisco, where he incorporated urban design into the city's planning documents: "As director of the City Planning Commission of San Francisco, Allan Jacobs pioneered the integration of urban design into local government planning, producing a plan that has given San Francisco some of its best places and, two decades later, still stands as a model of its kind." (http://www.pps.org/reference/ajacobs 04.04.2013). Peter Bosselmann has also recieved awards for his work with San Francisco and other American cities: See http://ced.berkeley.edu/ced/faculty-staff/peter-bosselmann (04-04-2013).
2. Jan Gehl, Karin Bergdahl and Aase Steensen, "Byliv 1986. Brugsmønstre og Udviklingstendenser 1968-1986." ("Public life 1986. Consumer Patterns and Development Trends 1968-1986."), in *Arkitekten* no. 12 (1987): 285-300. Observation studies are often supplemented by interviews in public space-public life studies. While interviews are outside the scope of this book, naturally they are another of the methods relevant as supplements for observation studies.
3. Gehl Architects, *Towards a Fine City for People* (London: City of London, June 2004); Gehl Architects, *Public Spaces Public Life* (Sydney: City of Sydney, 2007).
4. Gehl Architects, op. cit., *Towards a Fine City for People*; New York City Department of Transportation, *World Class Streets: Remaking New York City's Public Realm* (New York: New York City Department of Transportation, 2008); Gehl Architects, *Moscow, Towards a Great City for People: Public Space, Public Life* (Moscow: City of Moscow, 2013), in press.
5. Anne Matan, *Rediscovering urban design through walkability: an assessment of the contribution of Jan Gehl*, Ph.D. thesis (Perth: Curtin University, Curtin University Sustainability Policy (CUSP) Institute, 2011).
6. Ibid., 278.
7. 1968: Car-free area: 20,000 m^2. Area per stationary activity: 12.4 m^2. 1986: Car-free area: 55,000 m^2. Area per stationary activity: 14.2 m^2. 1995: Car-free area: 71,000 m^2. Area per staionary activity: 13.9 m^2. Jan Gehl and Lars Gemzøe, *Public Spaces – Public Life* (Copenhagen: The Danish Architectural Press and The Royal Danish Academy of Fine Arts, School of Architecture Publishers, 1996): 59.
8. City of Melbourne and Gehl Architects, *Places for People* (Melbourne: City of Melbourne, 2004): 12-13; 32-33. The figures were collected for the study on the basis of the City of Melbourne's data.
9. Ibid., 30, 50.

10. Anne Matan, op. cit., *Rediscovering urban design through walkability: an assessment of the contribution of Jan Gehl*: 288.
11. Ibid.
12. The City of New York and Mayor Michael R. Bloomberg, *PlaNYC. A Greener, Greater New York* (New York: The City of New York and Mayor Michael R. Bloomberg, 2007).
13. The results of the study are incorporated in the document prepared by New York City Department of Transportation, *World Class Streets: Remaking New York City's Public Realm* (New York: New York City Department of Transportation, 2008).
14. The New York City Department of Transportation, *Green Light for Midtown Evaluation Report* (New York: New York City Department of Transportation, 2010): 1.
15. Article: Lisa Taddeo, "The Brightest: 16 Geniuses Who Give Us Hope: Sadik-Khan: Urban Reengineer." *Esquire*, Hearst Digital Media: http://www.esquire.com/features/brightest-2010/janette-sadik-khan-1210. Accessed on November 26, 2010 by Anne Matan and quoted in: Anne Matan, op. cit., *Rediscovering urban design through walkability: an assessment of the contribution of Jan Gehl*: 293.
16. Anne Matan, op. cit., *Rediscovering Urban Design Through Walkability: An Assessment of the Contribution of Jan Gehl*: 294.
17. The New York City Department of Transportation, op. cit., *Green Light for Midtown Evaluation Report*: 1.
18. Gehl Architects, op. cit., *Public Spaces Public Life Sydney*: 74-76.
19. Gehl Architects, op. cit., *Towards a Fine City for People: London*.
20. Chief Executive of Central London Partnership Patricia Brown in a letter to Jan Gehl, Gehl Architects, dated June 29, 2004.
21. Gehl Architects, op. cit., *Towards a Fine City for People: London*: 34-35.
22. Ibid., 35.
23. Atkins, *Delivering the New Oxford Circus* (London: Atkins August, 2010): 11.
24. About people's penchant for choosing the shortest route: Jan Gehl, *Cities for People* (Washington D.C.: Island Press, 2010): 135-137.
25. Gehl Architects, *Cape Town – a City for All 2005* (Gehl Architects and Cape Town Partnership, 2005).
26. Jan Gehl and Lars Gemzøe, op. cit., *Public Spaces - Public Life*: 34-37.
27. Jan Gehl, *Cities for People* (Washington D.C.: Island Press, 2010).
28. Ibid., 8-9.

Chapter 7

1. Jan Gehl and Lars Gemzøe, *Public Spaces - Public Life* (Copenhagen: The Danish Architectural Press and The Royal Danish Academy of Fine Arts School of Architecture Publishers, 2004 (1996)): 11.
2. Ibid., 12.
3. Jan Gehl and Ingrid Gehl, "Torve og Pladser." ("Urban Squares." In Danish), in *Arkitekten* (1966, no. 16): 317-329; Jan Gehl and Ingrid Gehl, "Mennesker i Byer." ("People in Cities." In Danish), in *Arkitekten* (1966, no. 21): 425-443; Jan Gehl and Ingrid Gehl, "Fire Italienske Torve" ("Four Italian Piazzas." In Danish), in *Arkitekten* (1966, no. 23): 474-485.
4. Jan Gehl, *Life Between Buildings* (Copenhagen: The Danish Architectural Press, 1971, distributed by Island Press).
5. Jan Gehl, Karin Bergdahl and Aase Steensen, "Byliv 1986. Brugsmønstre og Udviklingstendenser 1968-1986." ("Public Life 1986. Consumer Patterns and Development Trends 1968-1986". In Danish), in *Arkitekten* no. 12 1987: 285-300.
6. Jan Gehl and Lars Gemzøe, op. cit., *Public Spaces - Public Life*.
7. Jan Gehl, Lars Gemzøe, Sia Kirknæs, Britt Sternhagen, *New City Life* (Copenhagen: The Danish Architectural Press, 2006).
8. City of Copenhagen, *A Metropolis for People* (Copenhagen: City of Copenhagen, 2009).
9. Bente Frost in a conversation with Jan Gehl in 1996 in conjunction with the launch of a public space study, quoted freely from memory.
10. "Quality of Life. Top 25 Cities: Map and Rankings." in *Monocle* no. 55 (July-August 2012): 34-56.

参考文献

Alexander, Christopher. *A Pattern Language: Towns, Buildings, Construction.* New York: Oxford University Press, 1977.

Alexander, Christopher. *A Timeless Way of Building.* Oxford: Oxford University Press, 1979.

Alexiou, Alice Sparberg. *Jane Jacobs – Urban Visionary.* New Jersey: Rutgers University Press, 2006.

Appleyard, Donald, Lynch, Kevin og Myer, John R. *A View from the Road.* Cambridge MA: MIT Press, 1965.

Appleyard, Donald. *Livable Streets*, Berkeley: University of California Press, 1981.

Appleyard, Donald. "Livable Streets: Protected Neighborhoods?" in *Annals*, AAPSS, 451, (September, 1980)

Appleyard, Donald and Lintell, Mark. *The Environmental Quality of City Streets: The Residents' Viewpoint.* Berkeley CA: Department of City and Regional Planning, University of California: year unknown, p. 11-2-1.

Atkins. *Delivering the New Oxford Circus.* London: Atkins August, 2010.

Barton, Hugh og Tsourou, Catherine. *Healthy Urban Planning*, London: Taylor & Francis, 2000.

Beck, Ulrich. *Risk Society: Towards a New Modernity* (1986). London: Sage, 1992.

Beyond Zucotti Park. *Freedom of Assembly and the Occupation of Public Space*. ed. Shiffman et al. Oakland, CA: New Village Press, 2012.

Bosselmann, Peter. *Representation of Places – Reality and Realism in City Design*. Berkeley, CA: University of California Press, 1998.

Bosselmann, Peter et al. *Sun, Wind, and Comfort. A Study of Open Spaces and Sidewalks in Four Downtown Areas.* Environmental Simulation Laboratory, Institute of Urban and Regional Development, College of Environmental Design, University of California, Berkeley, 1984.

Bosselmann, Peter. *Urban Transformation.* Washington DC: Island Press, 2008.

Bronner, Ethan. "Bahrain Tears Down Monument as Protesters Seethe" in *the New York Times*, March 18, 2011, see: www.nytimes.com/2011/03/19/world/middleeast/19bahrain.html?_r=2& (04-08-2013).

Castells, Manuel. *The Rise of the Network Society. The Information Age: Economy, Society and Culture Vol. I.* Cambridge, MA; Oxford, UK: Blackwell, 1996.

Charter of new urbanism: www.cnu.org

City of Copenhagen, *Copenhagen City of Cyclists. Bicycle Account 2010*, Copenhagen: City of Copenhagen, 2011.

City of Copenhagen, *A Metropolis for People*. Copenhagen: City of Copenhagen, 2009.

City of Melbourne and Gehl Architects. *Places for People.* Melbourne: City of Melbourne, 2004.

The City of New York and Mayor Michael R. Bloomberg. *PlaNYC. A Greener, Greater New York*. New York: The City of New York and Mayor Michael R. Bloomberg, 2007.

Le Corbusier. *Vers une Architecture* (1923). Paris: Editions Flammarion, 2008.

Le Corbusier. *Towards a New Architecture*. London: The Architectural Press, 1927.

Cullen, Gordon. *The Concise Townscape*. London: The Architectural Press, 1961.

Dahl, Torben. Gehl, Jan et al., *SPAS 4. Konstruktionen i Høje Gladsaxe* (Building in Høje Gladsaxe. In Danish), Copenhagen: Akademisk Forlag, 1969.

Danish dictionary: www.ordnet.dk

Danish encyclopedia: www.denstoredanske.dk

Danish Union of Journalists, The. *Fotografering og Privatlivets Fred.* (*Photographing and Privacy*. In Danish), Copenhagen: Dansk Journalistforbund, March 1999.

Davis, Mike. *City of Quartz. Excavating the Future in Los Angeles*. New York: Verso Books, 1990.

Edra 42 Chicago, Conference Proceedings, ed. Daniel Mittleman og Deborah A. Middleton. The Environmental Design Research Association, 2011.

The Endless City: The Urban Age Project by the London School of Economics and Deutsche Bank's Alfred Herrhausen Society. ed. Ricky Burdett og Deyan Sudjic, London: Phaidon, 2007.

Gaardmand, Arne. *Dansk byplanlægning 1938-1992*. (*Danish Urban Planning*. In Danish), Copenhagen: Arkitektens Forlag, 1993.

Gehl Architects. *Byrum og Byliv. Aker Brygge, Oslo 1998*. (*Public Space and Public Life. Aker Brygge, Oslo 1998*. In Norwegian.) Oslo: Linstow ASA, 1998.

Gehl Architects. *Cape Town – a City for All 2005*, Gehl Architects and Cape Town Partnership, 2005.

Gehl Architects. *Chongqing. Public Space Public Life.* Chongqing: The Energy Foundation and The City of Chongqing, 2010.

Gehl Architects. *Moscow – Towards a Great City for People. Public Space, Public Life*. Moskva: City of Moscow, 2013.

Gehl Architects, *Odense Byrum og Byliv. (Odense Public Life and Public Space*. In Danish) Odense: Odense Kommune, 2008.

Gehl Architects. *Perth 2009. Public Spaces & Public Life.* Perth: City of Perth, 2009.

Gehl Architects. *Public Spaces, Public Life. Sydney 2007*. Sydney: City of Sydney, 2007.

Gehl Architects. *Stockholmsförsöket och Stadslivet i Stockholms Innerstad.* (*Stockholm Study and Public Life in the Inner City*. In Swedish), Stockholm: Stockholm Stad, 2006.

Gehl Architects. *Towards a Fine City for People. Public Spaces and Public Life – London 2004*. London: Transport for London, 2004.

Gehl, Ingrid. *Bo-miljø.* (*Housing Environment.* In Danish), København: SBi-report 71, 1971.

Gehl, Jan. *Cities for People,* Washington D.C.: Island Press, 2010.

Gehl, Jan. "Close Encounters with Buildings.", in *Urban Design International*, no. 1 (2006) p. 29-47.

Gehl, Jan. "En gennemgang af Albertslund." ("Walking through Albertslund." In Danish), in *Landskab* no. 2, (1969), p. 33-39.

Gehl, Jan. "For You, Jane" in Stephen A. Goldsmith and Lynne Elizabeth (ed.): *What We See – Advancing the Observations of Jane Jacobs.* Oakland, California: New Village Press, 2010.

Gehl, Jan. *Life Between Buildings.* New York: Van Nostrand Reinhold, 1987, reprinted by Island Press, 2011.

Gehl, Jan. "Mennesker til fods." ("People on Foot." In Danish), in *Arkitekten*, no. 20 (1968), p. 429-446.

Gehl, Jan Gehl. *Public Spaces and Public Life in Central Stockholm.* Stockholm: Stockholm Stad, 1990.

Gehl, Jan. *Public Spaces and Public Life in Perth*, Perth: State of Western Australia, 1994.

Gehl, Jan. "Soft Edges in Residential Streets", in *Scandinavian Housing and Planning Research* 3 (1986), p. 89-102.

Gehl, Jan. *Stadsrum & Stadsliv i Stockholms city.* (*Public Space and Public Life in the City of Stockholm.* In Swedish), Stockholm: Stockholms Fastighetskontor and Stockholms Stadsbyggnadskontor, 1990.

Gehl, Jan. *The Interface Between Public and Private Territories in Residential Areas.* Melbourne: Department of Architecture and Building, 1977.

Gehl, Jan. "Vore fædre i det høje!" ("Our Fathers on High!" In Danish), in *Havekunst*, no. 48 (1967), p. 136-143.

Gehl, Jan, K. Bergdahl, and Aa. Steensen. "Byliv 1986. Bylivet i Københavns indre by brugsmønstre og udviklingsmønstre 1968-1986". ("Public Life 1986. Consumer Patterns and Development Trends 1968-1986." In Danish), in *Arkitekten*, no. 12 (1987).

Gehl, Jan; A. Bundgaard; E. Skoven. "Bløde kanter. Hvor bygning og byrum mødes." ("Soft Edges. The Interface Between Buildings and Public Space." In Danish), in *Arkitekten*, no. 21 (1982), p. 421-438.

Gehl, Jan; L. Gemzøe, S.; Kirknæs, B. Sternhagen. *New City Life.* Copenhagen: The Danish Architectural Press, 2006.

Gehl, Jan and Ingrid. "Fire Italienske Torve" ("Four Italian Piazzas." In Danish), in *Arkitekten,* no. 23 (1966).

Gehl, Jan and Ingrid. "Mennesker i byer." ("People in Cities." In Danish), in *Arkitekten* no. 21 (1966), p. 425-443.

Gehl, Jan and Ingrid. "Torve og pladser." ("Urban Squares." In Danish), in *Arkitekten* no. 16 (1966), p. 317-329.

Gehl, Jan; L. J. Kaefer; S. Reigstad. "Close Encounters with Buildings," in *Arkitekten*, no. 9 (2004), p. 6-21.

Gehl, Jan and L. Gemzøe. *Public Spaces Public Life*. Copenhagen: The Danish Architectural Press and The Royal Danish Architecture School 1996.

Gehl, Jan and L. Gemzøe. *New City Spaces*. Copenhagen: The Danish Architectural Press 2001.

Guinchard, Claes Göran. *Bilden av förorten.* (*Playground Studies*. In Swedish). Stockholm: Kungl. Tekniska Högskolan, 1965.

Hall, Edward T. *The Silent Language* (1959). New York: Anchor Books/Doubleday, 1990.

Hall, Edward T. *The Hidden Dimension*. Garden City, New York: Doubleday, 1966.

Harder, Henrik. *Diverse Urban Spaces*. Ålborg Universitet: www.detmangfoldigebyrum.dk.

Hillier, Bill. *Space as the Machine. A Configuration Theory of Architecture*. (Cambridge: Press Syndicate of the University of Cambridge 1996) London: Space Syntax, 2007.

Hillier, Bill. Hanson, Julienne. *The Social Logic of Space.* Cambridge, UK: Cambridge University Press, 1984.

Howard, Ebenezer. *Garden Cities of To-Morrow* (1898 or 1902), Cambridge, MA: MIT Press, 1965.

Jacobs, Allan. *Great Streets*. Cambridge Mass.: MIT Press, 1993.

Jacobs, Allan. *Looking at Cities*. Cambridge, MA: Harvard University Press, 1985.

Jacobs, Allan and Appleyard, Donald. "Toward an Urban Design Manifesto" in *The Urban Design Reader.* New York: Routledge (2007), ed. Michael Larice and Elizabeth Macdonald, 2010

Jacobs, Jane. "Downtown is for People.", *Fortune* classic, reprinted in *Fortune* (September 8, 2011)

Jacobs, Jane. *The Death and Life of Great American Cities (*1961). New York: Random House, 1993.

Jameson, Frederic. Postmodernism: *The Cultural Logic of Late Capitalism,* Durham, NC: Duke University Press, 1991.

Jensen, Thomas Bo. *Exner.* Risskov: Ikaros Academic Press, 2012.

de Jonge, Derk. "Seating Preferences in Restaurants and Cafés." Delft, 1968.

de Jonge, Derk. "Applied Hodology". *Landscape* 17 no. 2 (1967-68).

Lynch, Kevin. *The Image of the City.* Cambridge MA: MIT Press, 1960.

Marcus, Clare Cooper and Barnes, Marni. *Healing Gardens, Therapeutic Benefits and Design Recommendations*. New York: Wiley, 1999.

Marcus, Clare Cooper and Sarkissian, Wendy. *Housing as if People Mattered: Site Design Guidelines for Medium-Density Family Housing.* Berkeley: University of California Press, 1986.

Marcus, Clare Cooper and Francis, Carolyn. *People Places: Design Guidelines for Urban Open Spaces*. New York: Van Nostrand Reinhold, 1990.

Matan, Anne. *Rediscovering urban design through walk-ability: an assessment of the contribution of Jan Gehl*, PhD Dissertation, Perth: Curtin University: Curtin University Sustainability Policy (CUSP) Institute, 2011.

Monheim, Rolf. "Methodological Aspects of Surveying the Volume, Structure, Activities and Perceptions of City Centre Visitors" in *GeoJournal* 46 (1998) p. 273-287.

National Institute of Public Health, *Folkesundhedsrapporten (Public Health Report*. In Danish), ed. Mette Kjøller, Knud Juel and Finn Kamper-Jørgensen. Copenhagen: National Institute of Public Health, University of Southern Denmark, 2007.

Newman, Oscar. *Defensible Space: Crime Prevention through Urban Design*. New York: Macmillan, 1972.

New York City Department of Transportation. *Green Light for Midtown Evaluation Report*. New York: New York City Department of Transportation, 2010.

New York City Department of Transportation. *World Class Streets: Remaking New York City's Public Realm*. New York: New York City Department of Transportation, 2008.

Perec, Georges. *An Attempt at Exhausting a Place in Paris*. Cambridge, MA: Wakefield Press, 2010.

Perec, Georges. *Life A User's Manual*. London: Vintage, 2003.

Perec, Georges. *Species of Spaces and Other Pieces*. London: Penguin, 1997.

Perec, Georges. *Tentative d'Épuisement d'un Lieu Parisien*. Paris: Christian Bourgois, 1975.

Perec, Georges. *Things: A Story of the Sixties*. London: Vintage, 1999.

Project for Public Spaces, Inc. *How to Turn a Place Around: A Handbook for Creating Successful Public Spaces*, New York: Project for Public Spaces, Inc., 2000.

Realdania: www.realdania.dk.

Rogers, Richard and Gumuchdjian, Philip. *Cities for a Small Planet*, London: Faber and Faber, 1997.

Rossi, Aldo. *L'Architettura della città*. Padova: Marsilio 1966; reprinted Macerata: Edizione Quodlibet, 2011.

Rossi, Aldo. *The Architecture of the City*. Cambridge, MA: MIT Press, 1984.

Sitte, Camillo. *The Art of Building Cities* (Westport, Connecticut: Hyperion Press reprint 1979 of 1945 version). Originally published in German: Camillo Sitte, *Städtebau nach seinen Künstlerischen Grundsätzen*. Vienna: Verlag von Carl Graeser, 1889.

Shoval, Noam. "The GPS revolution in spatial research" in *Urbanism on Track. Application of Tracking Technologies in Urbanism*. ed. Jeroen van Schaick og Stefan van der Spek, Delft: Delft University Press 2008, p. 17-23.

Soja, Edward. *Thirdspace: Journeys to Los Angeles and Other Real-and-Imagined Places*. Oxford: Basil Blackwell, 1996.

Sommer, Robert. *Personal Space: The Behavioral Basis of Design*. Englewood Cliffs N.J.: Prentice-Hall, 1969.

Southworth, Michael and Ben Joseph, Eran. *Streets and the Shaping of Towns and Cities*, Washington DC: Island Press, 1997.

Space Syntax: www.spacesyntax.com.

van der Spek, Stefan. "Tracking Pedestrians in Historic City Centres Using GPS" in *Street-Level Desires: Discovering the City on Foot*. Ed. F. D. van der Hoeven, M. G. J. Smit og S. C. van der Spek 2008.

Statistics Denmark. *Befolkningen i 150 år* (*The Population over 150 Years*. In Danish), Copenhagen: Danmarks Statistik, 2000.

Statistiks Denmark. *Danmark i tal 2012* (*Statistics Yearbook 2012*. In Danish), Copenhagen: Danmarks Statistik, 2012.

Statistics Denmark. *Nyt fra Danmarks Statistik* (*Latest Release*. In Danish), no. 168 March, 2012.

Taddeo, Lisa. "The Brightest: 16 Geniuses Who Give Us Hope: Sadik-Khan: Urban Reengineer". *Esquire*, Hearst Digital Media: www.esquire.com/features/brightest-2010/janette-sadik-khan-1210 (04-11-2013).

The Essential William H. Whyte. ed. Albert LaFarge with a preface by Paul Goldberger, New York City: Fordham University Press, 2000.

"The Most Livable City Index." *Monocle* (issues 5 (2007), 15 (2008), 25 (2009), 35 (2010), 45 (2011), 55 (2012) and 65 (2013). London: Winkontent Limited, Southern Print Ltd., 2007-2013.

The Urban Design Reader, ed. Michael Larice og Elizabeth Macdonald. New York: Routledge, 2007.

United Nations. *Our Common Future*. Oxford: Oxford University Press, 1987.

图表、照片制作名单

Shaw and Shaw, p. 22 top and bottom
Gordon Cullen, *The Concise Townscape* (1961), p. 48
Michael Varming, p. 54 bottom
Project for Public Space, pp. 62, 77
Peter Bosselmann, p. 64 top, pp. 67, 128-129.
Ahlam Oun, p. 82 bottom
Allan Jacobs, p. 68
Allan Jacobs, *Great Streets, with permission of the author and The MIT Press, p. 69*
Andrew Boraine, Cape Town Partnership, p. 154
Atkins London, Westminster City Council, Transport for London, The Crown Estate, p. 153
City of Melbourne, p. 145 left and right
City of Sydney, p. 150
Donald Appleyard og Mark Lintell, p. 126
JW Foto, p. 124
Leon Krier, p. 78 top and bottom
New York City, Department of Transportation, p. 148-149
Stefan van der Spek, TU Delft, pp. 84, 132, 133
Space Syntax, pp. 86, 87
Stadsarkivet, City of Copenhagen, p. 164 top, p. 168 top
Ursula Bach, photo of Tina Saaby Madsen, p. 158
William H. Whyte, Project for Public Spaces, p. 130-131

Jan Gehl, Lars Gemzøe and **Gehl Architects**
all other photos.

Camilla Richter-Friis van Deurs and **Janne Bjørsted**
all other illustrations.

译者记

自2009年起，由于我的硕士论文研究课题正是扬·盖尔教授一生奋斗的目标——人性化城市，使我自此开始了对盖尔教授以人为本的城市公共空间设计理论及方法的系统学习和研究，并幸运地与盖尔教授结识，继而又有机会向他当面请教并进行交流。也源于此，他的设计哲学与视角开始不断地影响着我对城市公共空间质量的观察与思考，并影响着我后来从事的关于城市可持续发展研究的领域选择。他所提出的“公共空间–公共生活”研究方法，通过现场观察、记录人们活动与行为来理解人对公共空间环境的选择与感知，从而提出以尊重人的行为偏好与人的感知为出发点的城市公共空间设计方法。至今，这套方法历经了50年的发展与传播，传统而经典，在世界范围内被广泛学习和采用，该方法所采集的信息具有的独特性，体现了其用现代技术与工具所无法替代的宝贵价值。

当下，中国正处于快速城市化的进程中，我们在欣喜地看到城市日新月异巨大进步的同时，也看到了伴随城市发展所产生着一系列诸如交通拥堵、空气污染、公共健康等问题，这些问题导致我们的城市公共空间失去其应有的以人文本的城市空间活力与质量，使市民无法体验城市公共空间与公共生活可以带给我们带来的应有的福祉。2015年12月20日至21日在北京举行的中央城市工作会议，为我国今后城市建设工作指明了方向。会议指出了提升我国城市设计水平的重要性与紧迫性，并强调要提升高等学校对城市设计学科教育内容和专业技术方面的水平。有鉴于此，我相信本书可以作为一本城市设计领域的重要教科书，它可以起到引导我国未来城市设计领域教育与发展的作用。同时，它也适合从事城市设计领域专家、学者阅读，并作为工具书来使用。

2013年，我十分荣幸地在《公共生活研究方法》一书英文版的出版之前，收到了盖尔教授的委托，将本书中文版的翻译工作交给了我。在翻译过程中，我也有幸结识了本书的另一位作者——比吉特·斯娃诺女士。这里需要向盖尔教授及中国建筑工业出版社道歉的是，由于本人的原因翻译工作未能如期（2014年）完成。其中的原因：一是因为翻译工作只能利用我博士课题研究之外的时间来进行；二是我希望将翻译质量达到自己所能做到的最佳程度。充满歉意但又感欣慰于本书的中文版于2016年盖尔教授的80岁寿辰之际在中国出版，颇具特殊意义。需要说明的是，由于本书是用丹麦语写成的，加之我自己在哥本哈根学习，有机会经常与盖尔教授就书中的若干细节进行当面请教，因而，中文版的内容并没有完全以英文版为参照，有部分内容根据丹麦语版本进行了修改与调整。

北京大学硕士研究生云翃同学、哥本哈根大学硕士研究生赵梓晨同学参与了本书部分章节的初稿翻译工作，哥本哈根大学硕士研究生林亮亮和丁鹏两位同学参与了对插图图注的初稿翻译和格式调整工作。在此，对以上几位同学的协助表示感谢！这里，我还要特别感谢北京交通大学建筑学院的蒙小英教授，感谢她和我一起参与翻译工作；感谢东北林业大学园林学院的杨滨章教授，感谢他对全书所做的热心、细心和耐心地校对工作。同时感谢中国建筑工业出版社前任社长刘慈慰先生和董苏华编审对译稿细致严格的审查和修正，以及在本书翻译和出版过程中所做的所有耐心的协助和沟通工作。没有他（她）们的无私帮助，本书的翻译与出版工作不会顺利完成。最后，我要特别感谢盖尔教授三年多来对我本人极大的鼓励与信任，并花费了很多宝贵的时间给予的指导与帮助。由于本人知识与经验的局限，此译本还可能存在很多不当之处，敬请各界专家学者及广大读者朋友们见谅并指正，以期在下一版中进行修改与完善。

赵春丽

哥本哈根大学，博士研究生

2016年6月16日，于丹麦，哥本哈根

著作权合同登记图字：01-2016-5805号

图书在版编目（CIP）数据

公共生活研究方法／（丹）扬·盖尔，（丹）比吉特·斯娃若著；赵春丽，蒙小英译．—北京：中国建筑工业出版社，2016.9

ISBN 978-7-112-19684-5

Ⅰ．①公… Ⅱ．①扬… ②比… ③赵… ④蒙… Ⅲ．①城市空间－社会生活－研究方法 Ⅳ．①TU984.11

中国版本图书馆CIP数据核字（2016）第194979号

责任编辑：董苏华
责任校对：李欣慰　张　颖

公共生活研究方法
［丹麦］扬·盖尔　比吉特·斯娃若　著
赵春丽　蒙小英　译　杨滨章　校

*

中国建筑工业出版社出版、发行（北京西郊百万庄）
各地新华书店、建筑书店经销
北京锋尚制版有限公司制版
天津图文方嘉印刷有限公司印刷

*

开本：880×1230毫米　1/16　印张：11¾　字数：325千字
2016年9月第一版　2020年6月第二次印刷
定价：78.00元
ISBN 978-7-112-19684-5
（29066）